岩溶工程地质勘察技术研究

张泽平　刘光华　丁武保　主编

U0343889

哈尔滨出版社
H.P.H
HARBIN PUBLISHING HOUSE

图书在版编目（CIP）数据

岩溶工程地质勘察技术研究 / 张泽平，刘光华，丁
武保主编． — 哈尔滨：哈尔滨出版社，2023.1

ISBN 978-7-5484-6777-9

Ⅰ．①岩… Ⅱ．①张… ②刘… ③丁… Ⅲ．①岩溶—
工程地质—地质勘探—研究 Ⅳ．①P64

中国版本图书馆 CIP 数据核字（2022）第 174145 号

书　名：**岩溶工程地质勘察技术研究**
　　　　YANRONG GONGCHENG DIZHI KANCHA JISHU YANJIU

作　　者：张泽平　刘光华　丁武保　主编
责任编辑：张艳鑫
封面设计：张　华

出版发行：哈尔滨出版社（Harbin Publishing House）
社　　址：哈尔滨市香坊区泰山路 82-9 号　邮编：150090
经　　销：全国新华书店
印　　刷：河北创联印刷有限公司
网　　址：www.hrbcbs.com
E - mail：hrbcbs@yeah.net

编辑版权热线：（0451）87900271　87900272

开　　本：787mm×1092mm　1/16　印张：11　字数：240 千字
版　　次：2023 年 1 月第 1 版
印　　次：2023 年 1 月第 1 次印刷
书　　号：ISBN 978-7-5484-6777-9
定　　价：68.00 元

凡购本社图书发现印装错误，请与本社印制部联系调换。

服务热线：（0451）87900279

编委会

主 编

张泽平　山东省水利勘测设计院

刘光华　山东省鲁南地质工程勘察院

丁武保　青岛地质工程勘察院

副主编

翟彦军　中核勘察设计研究有限公司

顾　翔　西南有色昆明勘测设计（院）股份有限公司

卢春明　中国冶金地质总局第一地质勘查院邯郸分院

聂晶杰　青岛地质工程勘察院

石　林　山东省第七地质矿产勘查院

杨荣杭　山东省第七地质矿产勘查院

杨小兵　宁夏回族自治区煤炭地质局

张　磊　山东省第七地质矿产勘查院

张海光　山东省地质矿产勘查开发局第四地质大队

前　言

岩溶的分布地区主要集中在溶洞或者暗河附近等水源富集的地区，岩溶地区的形态和发育过程有着隐蔽性和复杂性，如果不能进行有效的空洞勘察，就很容易出现地面坍塌问题，进而影响整个建筑工程的安全性，因此说，做好对岩溶地区的地质勘察至关重要。虽然岩溶地区的勘察方法很多，但是在进行选择的过程中要根据具体的情况应用适合的地质勘察技术，只有这样才能有效地提高勘察的质量和效果。

如今，越来越多的工程项目选址在复杂的岩溶地区中，岩溶的存在可能会对工程建设造成影响。为此，需要通过细致的工程地质勘察确定岩溶分布情况等信息，但岩溶地区的工程地质勘察不同于一般地区工程地质勘察，容易出现一些问题。因此有必要在明确岩溶地区工程地质勘察特点及存在的问题基础上，探讨有效的勘察方法和对策。

岩溶地区的工程地质勘察工作具有一定的复杂性，在进行实际的勘察工作过程中，要根据工程的具体情况对勘察技术进行科学的选择，真正做到因地制宜。在建筑工程施工之前做好工程地质勘察工作能够有效减少不确定因素的出现，节约工程成本，保证施工的顺利进行。

《岩溶工程地质勘察技术研究》旨在对岩溶地段工程地质状况的勘察技术和施工修复展开分析。本书共分为七章，第一章为概述部分，对相关概念和基础知识展开解析；第二章研究了岩溶地质形成的基本条件；第三、四、五章讲述了岩溶地质条件下的路基、隧道、水利水电工程施工勘察技术；第六章研究了水资源的重要组成部分——地下水污染与修复情况；第七章则针对岩溶水资源与水环境保护方式展开了详细叙述。本书内容翔实，层次分明，非常适合相关从业者及相关专业师生阅读。

目　录

第一章　绪　论

第一节　我国岩溶塌陷灾害的分布及规律

岩溶塌陷是指岩溶洞隙上方的岩土体在自然或人为因素作用下发生变形破坏，并在地面形成塌陷坑（洞）的一种岩溶动力作用与现象。

一、我国岩溶塌陷的分布

广义上的岩溶塌陷是指因岩体下部洞穴扩大或其他自然、人为原因而导致顶板下沉、坍塌，在地面形成塌陷坑洞等灾害地质现象，包含基岩塌陷和上覆盖层塌陷（狭义的岩溶塌陷）两种。

岩溶塌陷是我国六大类型地质灾害之一，岩溶区占国土面积的30%以上。岩溶塌陷造成的危害主要有两方面：一是破坏塌陷区的工程设施；二是造成岩溶区严重的水土流失及环境的恶化。例如，湖南娄底的矿区岩溶塌陷，破坏房屋374幢、农田600hm²、桥梁4座，并造成66个泉点干枯断流。

据不完全统计：1950年以来，全国有23个省（自治区、直辖市）的300多个市县共发生过岩溶塌陷339处；岩溶塌陷集中分布在西南、华南、华中、华北等地区，包括广西、贵州、湖南、广东、湖北和云南，受影响的城市主要有广州、武汉、深圳等30多个大中城市。

我国岩溶塌陷灾害70%为人类工程活动所诱发，抽水、充水矿山疏干、隧道突水、桩基振动等人类工程活动已成为岩溶塌陷灾害的主要诱发因素。近年来由于气候因素的影响，先后出现4起由极端降雨引发的岩溶塌陷灾害，这些塌陷具有规模大、后续效应长等特点。

调查数据表明，我国岩溶塌陷城市化、工程化的趋势明显，充水矿山"疏干排水"引发岩溶塌陷问题仍极为突出。一方面城市化主要表现在岩溶区城市建筑工程勘探、基坑及桩基施工、地铁建设等，这些工程活动破坏了原有的岩溶地下水系统平衡，由此引发严重的岩溶塌陷、岩溶沉陷等灾害问题；工程化则表现在岩溶区大多数高速铁路、高速公路都面临发生岩溶塌陷及相关地质环境问题的挑战，武广高铁、贵广高铁、沪昆高铁、湘桂高铁的岩溶隧道建设无一例外地引发了岩溶塌陷灾害事件，损失巨大。另一方面，地面塌陷使地表水系统和岩溶水系统贯通，引发隧道突水突泥事故、地面井泉干枯等严重的后果。充水矿山岩溶塌陷除与疏干排水时间和强度密切相关外，大气降雨也对疏干区岩溶塌陷有触发作用。

（一）我国岩溶塌陷的时间分布特征

短期作用下，岩溶塌陷的产生有较多因素，但最主要因素还是塌陷区的地下水位。上述统计中，因抽取地下水、强降雨、坑道排水、水库蓄水等导致岩溶塌陷的案例超过总数的90%。随着抽取地下水量的增加，漏斗区不断扩大，水力坡度和流速也增大，潜蚀和吸蚀加剧，最终导致土层塌陷。首先塌陷的是漏斗中心部位，因为其水位变动最为剧烈，漏斗扩展后周围也逐渐塌陷，过程具有向源性。反复的强降雨或抽排水会使地下水位反复变化，这种变化使靠近基岩的深层土体周期性吸水脱水，土体松胀或吸水软化，加速地面塌陷。

从长期而言，岩溶塌陷具有持续性，往往同一地点会反复发生塌陷，在其诱发因素消失之前将持续发展，直到新的稳定平衡为止。如湖南水口山矿区岩溶塌陷自1964年以来，塌陷持续发展达20年之久。同时塌陷具有周期特征，在诱发因素稳定不变的情况下，受气象水文因素的影响，塌陷作用随其周期性变化而强弱波动，如一年中的雨季和春季，塌陷作用强烈，塌陷数量多且发生时间集中，其他季节塌陷作用减弱，数量减少。

（二）我国岩溶塌陷的空间分布特征

宏观而言，岩溶塌陷多分布在岩溶地貌特别发达的溶蚀丘陵、山谷河道洼地、大断裂带和小断层等地区，如广西、贵州、云南、山东临沂、河北唐山等地区。这些区域的共同点是上覆盖层薄，岩溶层的裂隙十分发育，给予地下水大量的补给、汇集、排泄通道，潜蚀吸蚀作用发达，当水文地质条件急剧变化时就可能激发塌陷现象。

岩溶塌陷会受到地质结构的影响，多分布在张性特征明显的断层及其交汇部位，具有空间分布不均匀的特征。目前已知的岩溶塌陷中，大多为土层塌陷，基岩塌陷极为少见。土层塌陷的影响因素主要有土层结构、土的类型和土层厚度。土层结构包括均一结构、双层结构或多元结构等，其中均一砂性土最易塌陷，夹砂砾石状非均质土次之。各类土中，砂类土和砾类土由于土粒之间无黏结力而更易塌陷，细粒土则较难塌陷。土层越厚，塌陷孕育的时间越长，形成的塌陷坑规模往往越大。对于表层非饱和土层，在降水或地下水位上升而改变其饱和度时，黏聚力下降也可能出现失稳塌陷。因而我国岩溶塌陷的微观分布很大程度上取决于当地表层地下空间纵向分布，对高危地带的地质勘察十分重要。

城市岩溶塌陷区大都位于地下水埋深较浅位置。岩溶地区地下水流失或城市大量抽取地下水，产生的漏斗区给地下水提供了一定的水力坡度和流速，形成潜蚀和吸蚀塌陷。漏斗区的范围和深度影响着塌陷的范围和剧烈程度，我国城市化的快速发展致使较多缺水城市地下水超采，华北地区更是有极大规模的采空区，需要格外警惕。

二、我国岩溶塌陷的主要类型

目前岩溶塌陷的类型主要是依据岩性、触发因素进行分类。根据岩溶塌陷发生的地质条件，岩溶塌陷类型按岩性分为基岩塌陷和土层塌陷两类。

基岩塌陷是溶洞顶板失稳、垮塌的结果，这类塌陷大多数是自然作用下产生，但也有人为活动，特别是爆破活动所致。此外，发生在水下的基岩塌陷有很强的后续效应，通常会产生地震、地裂、地表喷水冒砂等现象，甚至产生大面积地面塌陷。这是因为溶洞垮塌时会产生水锤效应，使岩溶管道水汽压力急剧上升，并向上覆土层挤压扩散，破坏土层结构。

土层塌陷是上覆第四系土层在地下水（气）压力作用下，发生破坏并向下伏岩溶管道系统运动的结果。目前，我国发育的岩溶塌陷绝大部分都是土层塌陷。如在第四系发育有一定厚度的黏性土层，由于具有较好的顶板形成条件，因此，往往最先形成土洞，最后再向上发展形成地面塌陷坑。

基岩塌陷与土层塌陷的机理和影响后果差别很大，因此首先要判断岩溶塌陷灾害的岩性类型，其次根据诱发岩溶塌陷的因素可分为自然塌陷、人为塌陷两大类型。

（一）自然塌陷

自然塌陷是指在自然条件下形成的塌陷。根据触发塌陷的自然因素不同，可分为暴雨型塌陷、地震型塌陷等，在自然作用下产生的塌陷，约占总数的33%（不包括陷落柱），是各类塌陷中最多的一种。

古塌陷：形成于第四纪以前，如"陷落柱"。

老塌陷：形成于第四纪期间，具残留形态，往往为后期堆积物充填或掩盖。

新塌陷：新近时期产生，或形成时期不明，但形态保持较好。它们多发育于地下水变化迅猛的岩溶山地的洼地、槽谷中，塌陷范围小、强度弱，往往呈单个坑零星分布，塌陷规模随结构不同而差异很大。

按其成因，又可分为以下几种：

1. 暴雨引起的塌陷：暴雨可导致土体迅速充水和地表水的强烈渗透，并在一定条件下引起岩溶地下水位的急剧上升而产生正压冲爆作用，易产生塌陷。

2. 洪水引起的塌陷：在近岸地带第四系冲积层中潜水位和岩溶地下水位均随洪水位而波动，由于两者渗透性的差异，在波动过程中不但可产生有利于渗透潜蚀作用的附加水头，而且可产生正负压力的作用，这些作用都可导致塌陷。

3. 重力引起的塌陷：在岩溶发育过程中，地下洞穴管道在崩塌作用下不断扩展，最后导致顶板盖层在重力作用下失稳陷落的现象。在岩溶山区并不罕见。岩溶漏斗、地下河天窗岩溶障谷、天生桥等地岩溶形态有许多就是塌陷的遗迹，这些基、岩塌陷规模一般较大，形成之后一般不再复活。

4. 地震引起的塌陷：在构造地震作用下，在覆盖层比较薄弱的地段也可产生一系列的塌陷，如 1853 年 2 月在湖南新宁 5 级地震的历史记载："有声如雷，陷成七潭，大小不一，皆有水涌出。"此外，近几十年来地震塌陷也常有，如 1976 年唐山地震引起数十处塌陷等。

（二）人为塌陷

人为塌陷是指以人类活动为主诱发产生的岩溶塌陷。根据诱发岩溶塌陷的人类活动的特点，人为塌陷又可进一步细分为抽水型塌陷、矿山（隧道）疏干型塌陷、水库蓄水型塌陷、废液腐蚀型塌陷、振动型塌陷等，是由于人类的工程、经济活动，改变了岩溶洞穴及其上覆盖层的稳定平衡状态而引起的塌陷，约占总数的 60%，可见人为作用已成为现代塌陷的重要动力。人为塌陷按成因又可分为坑道排水或突水、抽汲岩溶地下水、水库蓄引水、震动加载及表水、污水下渗引起等类型塌陷，前三者共占人为塌陷的92%。

1. 坑道排水或突水引起的塌陷

这是指由于矿坑、隧道、人防及其他地下工程排水或突水引起的塌陷，其中以矿坑排、突水塌陷为主，占人为塌陷的 17%。

岩溶地区由于矿产资源的开发，矿坑排水或突水引起的塌陷较为频繁。凡处于覆盖岩溶区的矿区，在其排水疏干过程中，几乎都不可避免地产生塌陷，主要分布于湘中、鄂东南、赣中、赣东北及安徽的沿江地带。由于矿坑排水降深达数十米至上百米，疏干影响范围达数公里至一二十公里以外。因此在所有各类塌陷中，这类塌陷范围最广，达数十平方公里；塌陷坑数量最多，达数百至数千个；持续时间最长，有的 20 年尚在继续；影响也最严重，多属大、中型塌陷。

以层塌陷为主，间有基岩塌陷；除碳酸盐岩类塌陷外，还有少量红层岩溶塌陷。

2. 抽汲岩溶地下水引起的塌陷

这主要由于水井抽水引起，分布较为普遍，约占人为塌陷的 49%，均为土层塌陷。当覆盖层厚度较薄（一般小于 10~20 米），抽水降深达到 5~10 米时，多有塌陷产生。由于抽水降深有限，其影响范围约数百米至一二公里；塌陷坑数量较少，一般数个至数十个，仅在集中供水水源地有较大规模的塌陷产生，如贵州水城水钢供水水源地，16 口抽水井中有 14 口井周围出现塌陷 1000 多个，范围达 4 平方公里；河北秦皇岛柳江供水水源地自 1987 年抽水以来，不到一年的时间产生塌陷 286 个，范围达 3.7 平方公里。抽水塌陷影响最大的是城市地区和铁路沿线。前者已见于贵阳、昆明、武汉、杭州、南京、广州等 6 个省会和 20 余个中小城市。损坏建筑物，破坏风景名胜，并危及人身及财产安全；后者影响显著的有津浦线泰安车站、浙赣线分宜车站及沈大线瓦房店三家子等处，往往造成断道停运，甚至列车脱轨、颠覆的灾害。

3. 水库蓄水或引水引起的塌陷

岩溶山区、洼地、谷地的小型水库及少量中型水库，多在水体增荷、渗漏潜蚀及雨季地下水位迅猛变化产生的正负压力和冲爆等多种作用下在库内产生塌陷，成为废库或病库。这类塌陷约占人为塌陷的 26%，主要分布于广西、贵州、四川、湖南、云南等省区，湖北、江西等省也有发生。一般规模较小，塌陷坑数量少，强度较弱，但往往多次复活且不易稳定。水库塌陷在悬托型河谷中极易产生，如云南以礼河水槽子水库，库区第四纪覆盖层厚达 30 余米，上部 1.5~2 米为黏土，下为砂砾石黏土层，基岩为灰岩，白云质灰岩，岩溶较发育，有地下管道，地下水时期很深，达 103 米，水库建成后自 1958—1965 年每年塌陷数十个，累计达 117 个，形成长 400 米、宽 100 米的塌陷区，库水漏失。后经处理，塌坑开挖开至基岩，先填大石块，再填小石块，其上铺盖 1~2 米的水泥板，再回填黏土，效果良好。此外，在峰丛、丘丛洼地中的水库，其下往往有暗河管道发育，也易塌陷，如江西德兴万村挂袍山水库塌陷。这类水库地下水位埋深很大，但季节变化带常达到地表，在这种情况下，其处理一定要采取通气减压措施，作为地下管道的调压井才能有效。贵州普定火石坡水库的一个塌陷，多次处理，多次复活，甚至用钢筋混凝土盖板也未收效，原因恐在于此。引水渠道通过岩溶发育地段，也往往因渠水渗漏潜蚀形成塌陷，如湖南凤凰龙溪河水库引水渠道塌陷。

蓄水和坑道排水、抽水还往往引起红层岩溶的塌陷，它们产生于洞隙型岩溶发育的红色钙质胶结灰质砾岩，砂砾岩（湘、赣）及泥灰岩夹层（四川）中。一般规模小，零星分布。

4. 震动或加载引起的塌陷

震动或加载是使覆盖岩溶区处于接近极限平衡状态的隐伏土洞产生塌陷的导因，它们往往与其他因素联合作用。该类塌陷占人为塌陷的 6%，如武汉中南轧钢厂堆料场的塌陷，就是在抽水的潜蚀作用形成隐伏土洞的基础上，经钢锭和煤堆的加载作用而塌陷的。震动引起的塌陷在铁路路基附近较为常见，贵昆线 K586-K612 一段长 26 公里，属丘状溶原，多漏斗状洼地，覆盖层为厚度不足 10 米的残坡积红色黏性土，地下水位在基岩顶板以下，1974 年至 1980 年沿路基塌陷 4 段共 38 个塌陷坑，其中，浑水塘车站、秧田冲车站及其区间内最为发育，见塌陷坑 25 个，单个塌坑规模小，多发生于雨季。其成因除了表水下渗潜蚀作用外，主要是火车通过时的震动。浙赣线分宜车站的塌陷除抽水因素外与火车的震动也有密切关系。

公路上汽车的震动也能导致塌陷。如江西乐平市邵家板前堂村乐（平）弋（阳）公路西侧的黏性土中，因汽车振动产生塌陷坑 5 个。以上这些塌陷都是发生于隐伏土洞发育的地区。

5. 表水或污水渗引起的塌陷

在厂矿建筑区，由于场地排水不良造成表水下渗或化学污水下渗溶滤也能导致塌陷的产生，如云南镇雄板桥氮肥厂厂址，覆盖层为亚黏土、含卵砾石黏土层，厚 5 米左右，最大 19 米，发育有土洞数十个，基岩为灰岩，地下水位 7.6~15.7 米，位于基岩顶板以下，1972 年产生塌陷 15 个，使工厂设备陷落。其中 13 个塌陷分布于流水池和污水池一带，显示与表水和污水下渗作用有关。

第二节　国内外岩溶塌陷监测技术研究现状

岩溶塌陷是全球广泛分布的地质灾害问题。据不完全统计，已有包括中国、美国、南非、法国、英国、德国、俄罗斯、波兰、捷克、比利时、土耳其、加拿大及以色列等国家发生过严重的岩溶地面塌陷。岩溶塌陷发育的广泛性与危害性，已引起国际社会的普遍关注，进入 20 世纪 70 年代以来，召开了多次与塌陷有关的国际会议，使世界各国的研究者有机会交流和商讨解决这一地质灾害问题的经验与方法。1984—2015 年先后在美国召开了 14 届"岩溶塌陷和岩溶工程与环境影响多学科国际讨论会"。国内外对岩溶塌陷的研究主要包括岩溶塌陷发育条件调查与勘测技术、岩溶塌陷形成演化机理、岩溶塌陷危险性预测与风险评估，以及岩溶塌陷监测预警技术等 4 个方面。岩溶塌陷的监测技术方法与岩溶塌陷的形成机理关系密切，因此本书主要从岩溶塌陷的形成机理研究及岩溶塌陷监测技术两方面综合论述其研究现状。

一、地质雷达监测法（GPR）

用地质雷达沿固定测线定期扫描，并进行结果比对，直接圈定异常区。岩溶地质研究所在 2000 年就开展了这方面的研究工作，结果表明，尽管地质雷达定期探测可以发现异常区，实现对土洞（塌陷）的监测预警工作，但存在对周围环境要求高、探测深度有限、无法实现实时监测和遥测等问题。

二、岩溶塌陷动力条件（触发因素）监测法

这是由岩溶所独创并实施的监测方法。通过自动监测系统对岩溶管道裂隙系统中的地下水（气）压力变化这一引发塌陷的关键因素进行实时监测，当监测结果满足由实验获得的岩溶塌陷临界条件时，认为监测区将会有形成土洞（塌陷）的危险。

这种方法只能预报监测点所处的岩溶管道裂隙影响范围内土体发生变形破坏的危险性，未能解决塌陷发生的具体位置、尺度等问题。

三、光纤传感技术监测法

光纤传感包括 BOTDR（布里渊光时域反射）和 OTDR（光时域反射）。如果把光纤埋设在岩土体中，岩土体的变形、破坏将会引起光纤发生相应的应变甚至断点。因此，通过测量光纤不同位置的应变量或断点位置，就可以计算出相应位置岩土体的变形量或破坏位置、规模，达到对岩土体变形破坏连续监测的目的。

2005—2010 年，中国地质科学院岩溶地质研究所开展了 BOTDR 技术在岩溶塌陷监测预报的室内试验研究工作。试验结果表明，BOTDR 可以及时监测到不同位置土层的位移，圈定土洞发育位置和影响范围。此外，法国铁路公司开展了 BOTDR 的塌陷监测预报工作，试验中主要在碎石层进行塌陷的模拟，效果较好。以色列的 Linker 和 Klar 用有限元分析了 BOTDR 预测塌陷的可行性。

BOTDR 技术既可监测光纤的断点，又可实时监测岩土体的变形过程，其应用前景较好，其不足是 BOTDR 设备昂贵，光纤的铺设、保护要求也较高。

四、时域反射（TDR）同轴电缆监测法

TDR 是时域反射法的简称。它是一种远程电子测量技术。近年来 TDR 技术已开始在滑坡、采空塌陷监测中得到应用。

TDR 具有分布式、检测时间短、可预测、安全性高、数据提供快捷、技术成熟、价

格低廉等优点。但也存在不足之处：只有在受到剪切力、张力或是两者的综合作用而变形的情况下，TDR 电缆才会产生特征信号。

可见，近年发展成熟起来的光电传感技术已在岩土工程界得到很好的应用，它的分布式特点特别适用于岩溶塌陷这种位置不确定的岩土体变形破坏监测，这无疑为岩溶塌陷监测预警技术的突破提供了极为有利的条件。

第三节　岩溶塌陷监测

国土资源部公益性行业科研专项"岩溶塌陷灾害监测关键技术研究"在岩溶塌陷灾害监测预警方面取得重要进展，结合其他地质单位在岩溶塌陷的应急、监测等方面的经验，以及国内外岩溶塌陷监测技术的研究情况，确定了岩溶塌陷监测方法的技术内容和结构框架。相关的监测技术方法、设备要求均根据多年的实际经验总结给出。

一、岩溶系统地下水气压力监测

1. 方法原理

岩溶水动力条件的变化是岩溶塌陷的主要诱发原因，通过岩溶裂隙或管道系统中地下水气压力变化的监测，捕捉岩溶塌陷发生的动力因素。监测孔根据具体情况，可选择已有的机井或钻探成孔。

2. 施工材料

主要施工材料如下：PVC 管（1.5MPa 供水管，外直径大于 75cm）；PVC 管接头及相应的胶水；钢套管及接箍（直径 110cm）；发泡剂（胶）；太阳能板（15W9V）；太阳能控制器（6V3A）；蓄电池（6V12AH）；水泥，为 32.5 级普通硅酸盐水泥，各项技术指标需符合《通用硅酸盐水泥》（GB175—2007）的规定。

3. 仪器设备

监测设备主要包括孔隙水压力传感器与数据自动采集系统，或带存储的渗压计，其技术参数应满足要求。

4. 监测点布设

监测点的布设原则：岩溶地下水气压力监测点（井）位应在塌陷发育区的边界及中心地段布置；每个区监测点不少于 2 个；监测点的位置根据地下水径流方向布设；监测点（井）的深度应根据影响监测区地下水位波动的工程活动确定。

监测点成孔深度要求:水源地,监测孔深度大于地下水的开采含水层;矿山疏干排水,监测孔深度是进入疏干排水地层以下 20~50m；工程施工，监测孔深度大于工程施工层位以下 10m。

5. 施工流程

监测孔的施工主要包括钻探、编录、成孔、安装 PVC 护管。其中也包括必要的测试和传感器的安装及调试。

6. 监测钻孔施工技术要求

监测孔成孔应参照《岩土工程勘察规范》（GB 50021—2009）的要求进行。

孔径要求：终孔直径不得小于 75mm，套管直径为 108mm。

终孔要求：对于基岩钻孔，在基岩中钻进时，不回水，经测定其稳定水位与附近岩溶水位一致，确定已进入稳定的岩溶含水层中即可终孔；对于第四系钻孔，钻进到最下面一层含水层下的隔水层中 1m 深即可终孔，如果没有明确的含水层，则钻至基岩面。

取样要求：所有基岩钻孔均为技术孔，要求取样，土样应采取 II 级以上的原状样，个别有困难的可采取 II 级原状样，不能取得原状样的也必须采取扰动样，取样间隔和数量按《岩土工程勘察规范》（GB 50021—2009）的标准进行。

原位测试要求：所有第四系钻孔均为原位测试孔，要求进行连续标准贯入试验，应严格按照《岩土工程勘察规范》（GB 50021—2009）标准进行。

抽水实验要求：所有监测孔要求进行单孔抽水实验，按照《供水水文地质勘察规范》（GB 50027—2001）中规定的方法进行。

7. 监测钻孔成孔工艺

钻孔应保持垂直，成孔过程中要求跟套管钻进，终孔后，应在套管内放入 PVC 护管，然后将钢套管取出，最后保留保护钢套管的长度根据具体情况确定。

PVC 护管的直径应不小于 70mm，放至孔底，对于地下岩溶水汽压力的监测，基岩面 1~2m 以下部分应为花管，孔径为 2~5mm，呈梅花状，孔间垂直间距为 30~50mm；注意护管应保持垂直，不得倾斜。

当护管放到要求的深度后，基岩孔：含水段 PVC 管上部绑扎海带，灌水，海带膨胀后，沿钢套管和护管之间慢速、均匀倒入制备好的黏土至地面或浇水泥砂浆至地面；第四系土层孔：PVC 管外围倒入粗砂，直至最上面含水层顶面以上才开始倒入黏土或水泥砂浆进行密封。

在拔起套管的同时，应用钻杆压住护管，以防其被拔起——拔起钢套管的速度应缓慢。

8. 监测系统安装

监测系统安装包括三个部分：水汽压力传感器的安装、传感器与数据采集系统的连接、太阳能供电系统。

（1）传感器安装

安装前应将传感器在水中浸泡 0.5h 以上。以使传感器空腔内的空气排出；测量钻孔深度、水位埋深，设计传感器放置深度；在传感器电缆线上打上水位埋深、放置深度标尺；将传感器放入水面附近，确定其 0 值读数（水面）；传感器放至设计深度后固定，读数。

（2）孔口密封处理

直径大于 PVC 管的厚纸片放入 PVC 管口以下 15cm 处；PVC 管口注入膨胀泡沫密封。

（3）数据采集系统安装

传感器接头接入数据采集仪；连接数据采集仪与数据通信模块；连接太阳能供电系统；检查各指示灯，确定数据采集系统安装正确（数据采集系统注意防水防潮）。

9. 监测频率

根据多个工程活动的连续监测资料，岩溶地下水气压力变化突变值多在短时间内完成，如果监测频率大于 1h，难以监测到突变变化。在桩基施工影响造成的岩溶地下水气压力动态变化中，地下水从监测孔中喷出，高出地面 1m，并多次出现水位突变恢复过程，如果 3h 的采集频率，采集的数据则监测不到地下水位的变化。因此，要求岩溶系统地下水气压力监测时间间隔为 5~20min，应不同于地下水的长观监测（3~5d/ 次）。

10. 远程通信要求

需有固定 IP 地址的服务器，并安装运行数据通信透明协议。需对通信数据模块进行初始化配置。

11. 观测注意事项

观测注意事项应包括以下内容：定期检查更换蓄电池；每个月检查野外设备、孔口的密封情况；每 3 个月进行一次岩溶塌陷点详细调查。

二、降雨量监测

1. 仪器设备

降雨量观测仪器由雨量筒、数据记录仪、数据无线传输、数据处理等部分组成。可根据需要选取部分单元。

雨量筒可采用传统翻斗测量，雨量精度应 ≤0.2mm。数据记录仪为事件记录器，自动存储事件发生时间。

2. 监测点布设

应选择监测区附近空旷、无遮挡的高层建筑屋顶安装。雨量监测原则上一个地区只设一个监测点。

3. 仪器安装

自记雨量计安装要求：安装前，检查确认仪器各部分完整无损，翻斗、数据记录仪工作正常。用 3 颗螺栓将仪器底座固定在混凝土基柱上，调节水准泡至水平。根据仪器说明书的要求，正确设置各项参数后，再进行人工注水试验，并符合要求。试验完毕，应清除试验数据。

4. 监测频率

实时记录降雨量的大小。

5. 观测注意事项

观测注意事项应包括以下内容：每 3 个月定期检查雨量筒，及时清除承雨器中的树叶、泥沙、昆虫等杂物，以防堵塞。1 年更换电池 1 次。应定期对记录器进行校时。

三、地质雷达隐伏土体变形监测

1. 方法原理

用地质雷达沿固定测线定期（半年 1 次）扫描，并进行结果比对，直接圈定异常区。

2. 应用条件

应用条件应符合下列要求：探测目的体应在地下水位以上，湿度越小效果越好；探测目的体与周边介质之间应存在明显介电常数差异，电性稳定，电磁波反射信号明显；探测目的体与埋深相比应具有一定规模，埋深不宜过深；探测目的体在探测天线偶极子轴线方向上的厚度应大于所用电磁波在周边介质中有效波长的 1/4，在探测天线偶极子排列方向的长度应大于所用电磁波在周边介质中第一菲涅尔带直径的 1/4；当要区分 2 个相邻的水平探测目的体时，其最小水平距离应大于第一菲涅尔带直径；测线上天线经过的表面应相对平级，无障碍，且天线易于移动。不能探测极高电导屏蔽层下的目的体或目的层。测区内不应有大范围的金属构件或无线电发射频源等较强的电磁波干扰。

3. 仪器设备

仪器设备性能应符合下列要求：信号增益控制应具有指数增益功能。A/D 转换位数不小于 16bit，连续测量时扫描速度每秒不小于 128 线。

4. 监测线布设

1m 间距的扫描线遇土洞（直径 1m）的概率为 100%，而间距 2m 的扫描线遇土洞（直径 1m）的概率为 50%。因此，根据实际需要确定扫描间距，可采用间距 0.5~3m 的平行线。

5. 仪器参数设置

仪器参数设置应符合下列要求：雷达主机天线工作频率的选取应根据探测任务要求，探测目的体埋深、分辨率、介质特性及天线尺寸是否符合场地条件等因素综合确定；记录时窗的选择应根据最大探测深度与上覆地层的平均电磁波波速按下式确定：

$$T = K \cdot 2H/v$$

式中：K 为折算系数，1.3~1.5；H 为雷达最大探测深度，m；v 为上覆地层的电磁波平均波速，m/ns。仪器的信号增益应保持信号幅值不超出信号监视窗口的 3/4，天线静止时信号应稳定；宜选择所用天线的中心频率的 6~10 倍作为采样率；宜选择频率为 100~500MHz 的天线，当多个频率的天线均能符合探测深度的要求时，应选择频率相对较高的天线。

6. 实施要求

现场工作应符合下列要求：现场扫描时应清除或避开测线附近的金属物；支撑天线的器材应选用绝缘材料，天线操作人员不应佩戴含有金属成分的物件，并应与工作天线保持相对固定的距离；扫描过程中，应保持工作天线的平面与探测面基本平行，距离相对一致；采用连续测量，天线的移动速度应均匀，并与仪器的扫描率相匹配；遇岩溶土洞异常时，宜使用两组正交的方向分别进行扫描监测；记录标注应与测线桩号一致。采用自动标注时，应避免标注信号线的干扰；采用测量轮标注时，应每 10m 校对 1 次。

7. 监测频率

地质雷达监测的监测周期视雨季前后需要而定。

四、时域反射（TDR）同轴电缆土体变形监测

1. 方法原理

TDR 最早被应用于电力和通信工业上确定通信电缆和输电线路的故障与断裂。其原理是由 TDR 测试仪激发的电脉冲沿同轴电缆以电磁波的形式传播，当同轴电缆产生局部剪切、拉伸变形时，会引起同轴电缆局部特性阻抗的改变，电磁波将在这些区域发生反射和透射，并反映于反射信号之中，根据反射信号的返回时间及反射系数大小便可确定同轴电缆变形的位置及变形量的大小。

2. 施工材料

同轴电缆参数要求：反射损耗小，<0.1/100m，以 100m 线长的同轴电缆其反射系数的斜率值做比较；同轴电缆的特性阻抗为（50±3）；同轴电缆缠绕夹具模式下拉断的延伸率不能超过 50%；同轴电缆的拉断荷载应低于 200N。

3. 仪器设备

时域反射仪（TDR）设备技术指标要求如下：脉冲发生器输出：250 mV，50；输出阻抗：50 ± 1%；脉冲发生器和取样电路组合的时间响应：<300ps；脉冲发生器偏差：前 10×10^{-9} 内 ±5%，后 10×10^{-9} ±0.5%；脉宽：14ps；计时分辨率：12.2ps；波形取样：波形值 20~2048 超过所选择的长度：距离（V_p=1）时间（单行线）；范围：−2~2100m，$0~7 \times 10^{-8}$s；分辨率：1.8mm，6.1ps；波形平均值：1~128；静电放电保护：内部箝位电路；耗用电流：测量 270mA，睡眠模式 20mA，待命模式 2mA；电源：任意 12V（9.6~16V），最大 300mA；温度范围：−40℃~55℃。

4. 监测线布设

同轴电缆在平面上按照"S"形布设，间距 2m，两头留足够的接头线。

5. 电缆安装前准备工作

光缆安装前准备工作如下：根据监测场地的长度与宽度，结合电缆布设方案（单向或回路）及预留引线等因素，计算所需电缆的长度：根据电缆线上的码标计算电缆长度、裁剪与焊接，连接设备测试并记录实际长度。

6. 传感器（电缆）安装

（1）同轴电缆胶结材料要求：胶结材料的水泥、沙的比例是 1:3~1:4；砂浆抗折强度低于 2MPa。

（2）铺设方式：地面松软条件下应采用水平挖槽胶结同轴电缆铺设；地面平整、压实条件下应采用梁式砂浆胶结同轴电缆铺设。

（3）安装过程：确定同轴电缆接头位置；拉测线，用腻子粉在地面上画线；沿线挖槽或直接铺设同轴电缆；搅拌砂浆，同轴电缆上覆砂浆，砂浆厚度应大于 2cm；测量电缆。

7. 监测频率

监测周期应 1~3 个月监测 1 次。

8. 观测注意事项

五、光纤传感技术土体变形监测

1. 方法原理

分布式光纤传感监测技术是利用光缆既做传感器又做信息传输通道，基于布里渊散射现象，运用散射波频率仅受温度与轴向力影响，进行温度补偿后实现分布式感测。光纤传感包括 BOTDR 和 OTDR，最早用于光纤质量的检测，如测量光纤的断点位置、光纤的轴向应变量和光纤损耗等。如果把光纤埋设在岩土体中，岩土体的变形、破坏将会引起光纤发生相应的应变甚至断点，因此通过测量光纤不同位置的应变量或测定断点位置，就可以计算出相应岩土体的变形量及破坏位置、规模，达到对岩土体变形破坏连续监测的目的。

2. 施工材料

施工材料包括光缆、水泥、膨润土、减水剂。

水泥为32.5#级普通硅酸盐水泥,需符合《通用硅酸盐水泥》（GB 175—2007）的规定。

膨润土选用钠基膨润土,需符合（膨润土）（GB/T 20973—2007）的规定。

减水剂可选用普通标准型减水剂,如水玻璃,需符合《混凝土外加剂》（GB 8076—2008）的规定。

3. 仪器设备

采用光纤应变分析仪进行光纤传感监测。

4. 监测线布设

光缆布设与安装有两种方式：基于钻孔垂直光缆安装、水平分布式光缆安装。光缆在平面上按照S形布设,间距3m,两头留足够的接头线。钻孔垂直安装则采用回路设计,同理都要留出足够的引线。

5. 基于钻孔的垂直式光缆安装技术要求

通过在岩溶塌陷敏感区进行钻探成孔,结合原位土力学指标,通过合理配置材料达到近原位土体力学性质,形成"光纤传感器—水泥砂浆—土体"的应变体系,监测塌陷引起的地下土体应力场的变化,进而达到对岩溶塌陷监测的目的。

（1）成孔要求

开孔直径140mm,终孔直径不小于110m,入完整基岩2m。

（2）灌浆材料用量计算

根据土层性质、溶洞充填物性质,确定浆液混合比,根据混合比计算水泥、膨润土、砂、早强剂（玻璃水）用量。

（3）光缆安装前的准备工作

光缆安装前的准备工作如下：根据钻孔深度,结合光纤布设方案（单向或回路）及孔口预留引线等因素,计算所需光缆的长度；根据光缆线上的码标进行长度计算、裁剪与熔接,连接设备测试并记录实际长度；对孔底回路部位进行弯头保护并加载重物,重物质量能保持光缆垂直即可,记录弯头的码标位置；根据钻孔信息分别记录溶洞段的码标位置、岩土分界的码标位置、孔口的码标位置；从孔底回路部位开始,间隔0.5m采用胶带稍微缠绕束缚光缆,使多根光缆为一股,简称光缆束；孔口引线及接头扎成棒状,长 40~50cm（注意光缆弯曲直径要大于 3cm）；用多层厚塑料袋捆扎好（防水及接头的污染），并保证能顺利在外径 110mm 的套管内通过。在棒状塑料袋头绑扎长度大于 6m 的长绳。

（4）注浆工艺

注浆采用自下而上分段灌浆法，过程如下：在钻孔底部完整基岩段，采用纯水泥浆 + 水玻璃注入，测量孔深并记录；溶洞段、裂隙段和土层按照水泥、膨润土、水玻璃配比注入；孔口以下 2m 采用水泥砂浆（1+2）注入。

（5）光缆传感器的埋设

光缆传感器埋设过程如下：清理孔口，将光缆束缓慢放入钻孔内，检查重物是否达孔底；检查光缆上的孔口标识是否在孔口位置。根据注浆工艺的灌浆顺序进行灌浆，注意浆液的差异性；灌浆过程中，控制灌浆速度，及时用直径 3~5cm 的吊锤测量孔深，检查灌浆量与灌浆长度，防止局部堵塞，出现空洞现象；成孔中的套管在灌浆过程中需缓缓拔出，保证光缆束在此过程中不被压、踩、弯折。灌浆结束后，清洗光缆，记录孔口光缆实际码标，连接仪器设备进行测量并记录；安装孔口保护箱。

（6）测量频率

灌浆结束后每天上午、下午各测量 1 次，持续 3d。

6. 水平分布式光缆安装技术要求

通过在岩溶塌陷敏感区地面 1m 以下深度水平铺设光缆，实现监测塌陷引起的地下土体变形，进而达到对岩溶塌陷监测的目的。

（1）监测区的确定

选择监测区的原则如下：穿越岩溶塌陷高风险区的重要生命线工程区域；抽排水等诱发岩溶塌陷的工程活动无法关停，可能影响重要的区域。

（2）施工方案

根据监测区的地表情况，施工方案主要分为线性工程施工期方案、地面直接开槽方案。线性工程施工期，在地面以下 1.5m 开挖或回填期安装光缆。地面未涉及其他工程，直接开挖。挖槽或梁式设计根据监测范围及监测层位，结合塌陷层位统计，确定光缆监测层位。

根据现场施工条件，进行光缆层位开挖，并将开挖土体分层放置，实现原位回填并记录。

（3）光缆安装前准备工作

光缆安装前准备工作如下：根据监测场地的长度与宽度，结合光纤布设方案（单向或回路）及预留标定、引线等因素，计算所需光缆的长度；根据光缆线上的码标计算光缆长度、裁剪与熔接，连接设备测试并记录实际长度；间隔 1m 采用胶带稍微缠绕束缚光缆，使多根光缆为一股。

（4）光缆传感器的安装

1）地面直接开挖方式，光缆传感器的安装过程：确定光缆接头位置；拉测线，用腻子粉在地面上画线（或插签标识）；沿线挖槽，将开挖土体分层放置旁边；拉测线沿槽记录地表至槽底土层的厚度与性质、土洞位置等，确定光缆标定位置；平整槽底部，放置光缆，在标定位置预留 2m 光缆，间隔 2m 用沙或粉碎的黏土固定，测量光缆。根据测线位置记录光缆在转角处、标定位置、土层性质变化位置、埋设初始及结束段的码标，并用加热法在标定位置加热，测量光缆，读取标定距离；人工用粉碎黏土或沙回填高度 20cm，测量光缆；机械回填至地表、压实，测量光缆。

2）线性工程施工期，在地面平整、压实条件下应采用梁式砂浆胶结光缆铺设。安装过程如下：确定光缆接头位置；拉测线，用腻子粉在地面上画线，确定光缆标定位置；沿测线直接铺设光缆，在标定位置预留 2m 光缆，间隔 2m 用沙或粉碎的黏土固定；根据测线位置记录光缆在转角处、标定位置、埋设初始结束段的码标；用加热法在标定位置加热，测量光缆应变并读取标定距离；搅拌砂浆，砂浆要符合要求；光缆上覆砂浆，砂浆厚度应大于 2cm；测量光缆。

7. 监测频率

监测周期应 1~3 个月监测 1 次。

8. 观测注意事项

注意光缆接头防潮防水；每 3 个月沿测线开展地表异常调查。

六、地震活动监测

1. 方法原理

岩溶塌陷形成演化过程中常发生地震现象，根据塌陷引发的微震现象，通过流动地震数字观测台实时监测，并准确解释出震中位置、震源深度等，获取地震与塌陷的关系。如工程活动、基岩塌陷引发震级小于 3 的地震活动。

2. 仪器设备

采用流动地震台进行监测，监测设备包括地震传感器、数据采集器两部分。

（1）地震传感器（三向加速度计）的技术参数如下：体积小，使用便捷，可以进行野外应急监测和常规地震监测地震；力平衡加速度计：频响，0~100Hz；标准速度响应输出，28、100Hz；输出灵敏度，2×1000V/（m/s）；满量程输出，±10V差分；最低寄生共振频率>450Hz；线性度>90dB；正交抑制>65dB；温度灵敏度，<0.6V/10℃；重锤重调零范围，±3°。

（2）数据采集器技术参数如下：通道，4通道24位（3个主通道，1个辅助通道）；输入电压范围，±10V（±20V可选）差分；能耗，80mA/12V；动态范围，>120dB；输出采样率，1~1000ps；时钟精度，$8×10^{-7}$；存储空间，USB2.0，16~64Gb；数据记录格式GCF，miniSEED及其他国际通用数据格式；通信接口，RS232接口，以太网口；通信协议，TCP/IP，UDP，HTTP；工作温度，−20℃~75℃；供电电压，10~36V；供电电流，200mA/12V。

3. 监测点布设

4个地震计组成流动地震数字观测台阵。在东西南北4个方向各布设1个地震流动台。

4. 仪器安装

仪器安装步骤：安装前，检查确认仪器各部分完整无损，地震计、数据记录仪工作正常；用3颗螺栓将仪器底座固定在混凝土平台上，调节地震计底脚，水准泡至水平居中；根据仪器说明书的要求，正确设置各项参数后，再进行人工旁边振动试验，并符合要求。试验完毕，应清除试验数据。

5. 监测频率

每秒记录一次。

6. 观测注意事项

观测注意事项应包括如下内容：每3个月定期检查，及时清除仪器周边杂物；定期检查蓄电池电压，低于10V及时更换；应定期对记录器进行校时。

七、群测群防监测

1. 人员组成

人员组成包括基层巡查员、主管部门。

2. 基层巡查员

基层巡查员巡查内容：地面是否有异常现象及附近地面工程活动；如果有地面异常现象和地面工程活动时填表，1h内上报主管部门。

3. 主管部门

上级主管部门根据要求初步判断岩溶塌陷的危害程度及采取的监测措施。

第二章　岩溶发育的基本条件及形态

岩溶是可溶性岩石长期被水溶蚀及由此引起的各种地质现象和形态的总称。它既包含了地表和地下水流对可溶性岩石的化学溶蚀作用，也包含有机械侵蚀、溶解运移和再沉积等作用，并形成了各种地貌形态、溶洞、溶隙、堆积物、地下水文网，以及由此引起的重力塌陷、崩塌、地裂缝等次生现象。岩溶作用与其他地质作用的显著区别，在于以化学溶蚀为特征，并在岩体中发育了时代不同、规模不等、形态各异的洞隙和管道水系统。本章对岩溶发育的基本条件及形态进行简单介绍。

第一节　中国岩溶区域特征概况

我国碳酸盐岩系分布面积约为 136 万 km^2，占全国总面积的 14%。其中尤以黔、滇、桂等地区分布最为集中，如云南碳酸盐岩出露面积占全省土地面积的 52%，广西碳酸盐岩出露面积占全区土地面积的 43%，贵州省碳酸盐岩出露面积最大，约占全省土地面积的 74%。

根据气候、大地构造及岩溶发育特点，可将我国划分为 3 个区：大致以六盘山、雅砻江、大理、贡山一线为界，以西为青藏高原西部岩溶区；以东分为两个区，以秦岭、淮河为界，北部为中温、暖温带亚干旱湿润气候型岩溶区，即华北岩溶区；南部为亚热带、热带湿润气候型岩溶区，即华南岩溶区。根据岩性、地貌及岩溶发育特征等因素，又可细分为黔桂溶原—峰林山地亚区、滇东溶原—丘峰山原亚区、晋冀辽旱谷—山地亚区、横断山溶蚀侵蚀区等亚区。

一、华南岩溶区

华南岩溶区区域包括长江中、下游与珠江流域地区，碳酸盐岩出露面积约为 60 万 km^2，占全国岩溶地区总面积的 44%。滇东、黔、桂、川东、湘西和鄂西，碳酸盐岩大面积出露，是我国岩溶最为发育的地区，此外，苏、浙、赣、粤等省亦有碳酸盐岩零星分布。

该区属中亚热带至暖亚热带湿润季风气候。大部分地区年平均气温 15℃~23℃，年平均降雨量 800~1300mm，部分地区达 2000mm 以上。

在大地构造上属于华南地台，基底由前震旦系浅变质岩系组成。震旦纪至三叠纪，地壳升降频繁，沉积了厚达 5000m 以上的多层碳酸盐岩及碎屑岩，并有火成岩活动，造成了若干次沉积间断。中生代晚期的燕山运动，使本区地层普遍褶皱，构造轮廓基本定型。新构造运动主要表现为大面积的间歇性上升，西部上升幅度最大，形成云贵高原，向东、向南渐次降低成阶梯状。滇东—黔西高原面一般高程为 2000.00~2500.00m（北部达 2700.00~3000.00m）；黔中高原面的高程降至 1000.00~1200.00m；桂中准平原的高程仅 100.00m 左右。滇东南、黔南、桂西北、黔东及黔北则为云贵高原的斜坡过渡地带。川东、湘西、鄂西山地为江汉、洞庭平原与四川盆地之间的隆起区，高程在 1000.00m 左右，亦属云贵高原向北递降的斜坡地带。

该区在地质历史过程中，发育了多期古岩溶，自震旦纪以来，区内曾有多次沉积间断，形成了多层古溶蚀面和古岩溶。例如，滇东、黔西晚震旦世至早寒武世、晚泥盆世至早石炭世、晚石炭世至早二叠世、早二叠世末至晚二叠世初；黔中地区寒武纪末至石炭纪初、早二叠世末至晚二叠世初、三叠纪末至侏罗纪初；四川盆地早二叠世末至晚二叠世初、三叠纪晚期至侏罗纪初；广西地区早二叠世末至晚二叠世初均有古岩溶发育。其中早、晚二叠世之间发育的古岩溶最为普遍。

近代岩溶的发育可分三期：白垩纪末至第三纪初为第一期，地壳经历了燕山运动之后，处于相对稳定时期，夷平作用居主导地位，形成了云贵高原面及黔中（如大娄山期）、桂西北、川东、湘西、鄂西等地现存的峰顶面，当时碳酸盐岩暴露于地表，岩溶有所发育，但因后期地壳上升，岩溶现象大多遭受破坏，仅在高原面上残留。第三纪至第四纪初为第二期，地壳相对稳定的时间较长，气候炎热潮湿，岩溶充分发育，形成宽阔的山盆期剥离面、断陷岩溶湖、盆地、大型洼地、谷地及峰林、石林等岩溶景观。第四纪以来为第三期，地壳强烈上升，形成水系干流的深切峡谷，进入峡谷期（如乌江期），岩溶作用进入全盛时期，垂直、水平形态的岩溶都很发育，发育多级河流阶地，以及与之对应的溶洞层、岩溶泉。

二、华北岩溶区

华北岩溶区主要属黄河流域及辽西等区域，碳酸盐岩出露面积约 23 万 km²，占全国岩溶地区总面积的 17%。集中分布在晋、渭北（陕西渭河以北）、冀北、冀西、鲁中及辽中太子河、浑江、辽西大凌河流域等地区。

该区属中温带至暖温带半干旱、半湿润气候。大部分地区年平均气温 5℃~15℃，年平均降雨量 330~900mm，部分地区达 1000mm 以上。

华北岩溶区在大地构造上处于华北地台。从震旦纪至中奥陶世沉积了厚达 1000~2000 米的碳酸盐岩。加里东运动后，地壳抬升成陆，沉积间断，大陆长时间遭受剥蚀，缺失上奥陶统至下石炭统地层。印支运动后，大陆再次抬升遭受剥蚀，但这次沉积间断的时间较短。燕山运动后，整个华北地区上升成陆。新构造运动有明显的差异性，表现为太行山、吕梁山、燕山、泰山等山区强烈上升（辽东上升较缓慢），而华北平原、东北平原和汾渭地堑则相对沉降。

该区在震旦纪晚期、晚奥陶世至早石炭世及三叠纪晚期均有古岩溶发育，其中奥陶纪、石炭纪之间发育的古岩溶最典型。近代岩溶的发育，可以大致分三期。白垩纪末至第三纪初为第一期（北台期或吕梁期），地壳经历了燕山运动后隆起，岩溶有所发育。但由于后期地壳的升降，该期岩溶保留不多。太行山南段及雁北山区，一些大型溶洞残留于高程 1500.00~1900.00m 的山顶面附近。第三纪至第四纪初为第二期（唐县期），上新世，华北地区气候温湿，地壳相对稳定，近代水系开始发育，地表水、地下水循环条件较好，岩溶作用较强烈，是华北近代岩溶发育的主要时期，其岩溶形态多被保留至今。第四纪以来，岩溶发育进入第三期，当时气温较低，降水较少，不利于地表岩溶的发育，但因山地与平原间新构造运动的差异、排泄基准面的下切，岩溶有向深处发育的趋势。地表以干谷和岩溶泉为特征，大型溶洞罕见。在深切河谷岸坡，可见一些裂隙式溶洞，但规模一般较小。地下发育的岩溶，多数以溶隙和溶孔为主。上述岩溶形态，一般均沿结构面（包括层面裂隙、可溶岩与非可溶岩的接触带）、断裂及其交汇带发育。

该区主要的岩溶层组有中奥陶组、马家沟组和中寒武统张夏组厚层灰岩、鲕状灰岩，下奥陶统白云质灰岩、白云岩，上寒武统灰岩及震旦系硅质灰岩、白云岩。其中马家沟组和张夏组岩溶最发育，是该区主要岩溶含水层，地下水丰富。

三、西部岩溶区

西部岩溶区主要包括雅砻江、金沙江上游、澜沧江、怒江等所在的大横断山区及宁夏、川北、昌都、工布、措美以北的西北干旱地区两大区域。

该区碳酸盐岩出露面积约 53 万 km²，占全国岩溶地区总面积的 39%。该区的范围以新疆、宁甘、青藏高原为主，平均高程在 4500.00~5000.00m 以上，气候严寒干燥，年平均气温低于 0℃，年平均降雨量 200~500mm，并以降雪为主。

青藏高原在大地构造上处于喜马拉雅地槽区。古生代至早新生代，沉积了多层碳酸盐岩和碎屑岩，碳酸盐岩层大致呈东西走向、条带状分布，尤以高原南部较广泛。中新世晚期发生的强烈构造运动，使中新统及更老的地层遭受剧烈的褶皱与断裂。上新世，地壳相对稳定、气候温湿，是青藏高原岩溶发育的主要时期，发育了峰林等亚热带岩溶形态，并保留至今。第四纪以来，强烈而持续的整体性抬升运动，使地壳大幅度上升，气候转为干冷，坚硬或中等坚硬的碳酸盐岩多高屹在分水岭地区或单薄的山脊地带，成为"神山"，特殊的气候及地形条件非常不利于地表岩溶的发育，早期岩溶形态亦多逐渐被后期的物理风化作用破坏，"残留"现象明显。现代岩溶作用主要在地下进行，但受干旱的气候条件影响，除少数沿深大断裂发育的岩溶大泉外，岩溶一般发育深度不大，且发育程度差，主要为溶蚀裂隙或沿层面、结构面发育的小型溶洞；发育少量溶蚀裂隙及岩溶泉，地下水流一般仍以岩溶裂隙性渗流为主，当径流通道沟通融雪补给区时，泉水流量较大。

1. 岩溶大区——华南岩溶区

（1）川西南峡谷——山地亚区

主要含水透水地层为震旦系白云岩夹硅质灰岩，寒武系白云质灰岩，泥质灰岩与砂页岩互层，奥陶系砂页夹泥灰岩，石炭系灰岩及白云岩夹砂页岩，二叠系含燧石结构灰岩，三叠系下新统灰岩泥灰岩夹泥页岩及下统泥质白云岩、泥质灰岩。多隔槽或隔挡式褶皱，断裂发育。由于新构造运行强烈，河谷深切，沟谷发育，地下水排泄条件好，地下水岩溶总体较微弱，但沿断层仍时有岩溶大泉发育；金沙江、大渡河及临江地区岩溶发育强烈，如金沙江西侧鲁南山地区高程 2000.00m 以上发育巨深的落水洞，以下于金沙江畔发育溶洞、大泉等。新构造上升缓慢区岩溶相对较发育；互状灰碳酸盐岩地区岩溶多顺层面发育。深切河谷的斜坡地带岩溶发育，水文地质问题较为特殊，应注意支流水库向下游及邻谷的渗漏问题（如水槽子水库）。

（2）滇东溶原——丘峰高原亚区

主要岩溶含水地层为元古界白云岩、藻灰岩、灰岩、泥灰岩，震旦系含硅质灰岩、白云岩，下寒武统块状灰岩、泥质灰岩夹砂页岩，中寒武统薄至中厚层灰岩、白云质岩，泥盆统灰岩及白云岩，中石炭统灰岩，马平群灰岩，二叠系下统灰岩，三叠系灰岩、白云岩。短轴状、鼻状及穹状褶皱发育，断裂发育。水文地质结构主要有块断构造型和间互状背斜褶皱型：前者如昆明一带，岩溶主要发育在石炭系、二叠系灰岩中，周围为碎屑岩封闭成为相对独立的地下含水系统；后者主要由背斜核部的互层状碳酸盐岩构成多层含水层。由于深谷深切，分水岭地区地下水位较高，除绕坝渗漏外，干流水库邻谷入渗问题不甚突出。

（3）黔西溶洼——丘峰山原亚区

地表显露的主要岩溶含水层为寒武系白云岩、石炭系马平组、黄龙组灰岩，以二叠系灰岩、三叠系灰岩、白云岩、白云质灰岩、泥盆系碳酸盐岩零星出露。褶皱普遍宽缓，弧形构造发育。背斜位置多较高并构成分水岭，向斜多为谷地。黔西至水城一带，震旦系至三叠系碳酸盐岩由于构造上的隔槽式或隔挡式褶皱形式形成了间互状碳酸盐岩向斜或背斜褶皱形水文地质结构，地下含水系统及地下水流动系统多呈带状分布。在大片碳酸盐岩出露地区，隔水层分隔差，主要为平级型水文地质结构。黔西南及滇东一带的南盘江上游河谷地区，由于南盘江急剧下切，在两岸分水岭地带多形成明流与暗河相应的宽缓河流，以及众多海子，但至斜坡地带后多形成暗河以较陡的水力比降排向南盘江，故斜坡地带岩溶发育，地下水埋深大。

（4）黔中溶原——丘峰与峰林山原亚区

岩溶含水透水地层从震旦系至三叠系均有分布，但以二叠系、三叠系碳酸盐岩出露最为广泛，主要强可溶岩地层为寒武系清虚洞组、泥盆系尧梭组、二叠系栖霞组、茅口组、三叠系大冶组、永宁镇组、关岭组。具短轴及隔槽式、隔挡式褶皱。该区主要以褶皱型水文地质结构为主。六枝一带发育由二叠纪、三叠纪碳酸盐岩组成的隔挡式褶皱（堕脚背斜）、穹状褶皱（茅口背斜）和宽阔的向斜（朗岱向斜），背斜多构成分水岭补给区，向斜则为汇水盆地，深度发育承压自流水。黔南一带则由泥盆及石炭纪灰岩构成箱状或长条状背、向斜，并向背斜区形成补给区，向斜区形成暗河（亦穿背斜）。安顺、平坝地区为典型山盆期剥离面，属均匀状碳酸盐岩平缓过褶皱型水文地质结构，显示晚年期岩溶地貌景观，泉水及暗河出露多，地下水埋藏浅。乌江和北盘江为深切河谷，河谷地带地下水垂直入渗带厚达数百米，谷坡地带地下水力坡度经历缓—陡—缓的过程，由于河流快速下切，地下水尚未适应排泄基准面的变化，暗河或岩溶管道水的出口大多高出现代河水面 20m 左右（相当于一级阶地或略低于一级阶地），两岸支流多形成跌水或瀑布，在干流河段建库一般邻谷渗漏问题不大，但库首及坝区渗漏问题突出。支流河段建坝需避开河谷裂点。

（5）鄂黔溶洼——丘峰山地亚区

除震旦纪早期、志留及泥盆纪为碎屑岩外，震旦至三叠系中期普遍发育以碳酸盐岩为主的海相沉积。震旦系含硅质白云岩主要分布在鄂西、黔北一带；寒武统白云岩、灰质白云岩厚度大，分布广泛；奥陶系灰岩、泥灰岩、白云岩主要分布在鄂西、湘西及黔北地区；二叠系栖霞、茅口组灰岩地层有区内出露，三叠系可溶岩地层主要为下统嘉陵江组白云岩、灰岩地层。断裂发育，箱状褶皱束为主，大娄山—八面山褶皱束延展于渝、黔、湘、鄂省境，北东向延伸并逐渐向北转东西向。水系受地质构造影响较大，长江三峡、乌江下游、清江水系等主、支水流大都循构造线方向发育。以较纯状或间互状碳酸盐岩向斜及背斜褶皱型水文地质结构为主，以箱状褶皱为主的大娄山—八面山褶皱束中的各个构造因志留纪隔水岩体的环绕，将早古生代早期碳酸盐岩为核心的背斜与中生代早期碳酸盐岩为核向的向斜分离成不同的水文地质单元，向斜中的二叠纪、三叠纪可溶岩具不均一化岩溶特征，背斜部分的寒武纪、奥陶纪可溶岩具有成岩交代白云岩类整体岩溶化的特征。各隔水岩体将可溶岩分隔成多个地下含水系统，平行于构造线方向循着可溶岩岩层走向发育岩溶管道水或暗河。此类水文地质结构特点决定了各主要河流之间都有若干隔水岩体阻隔，一般邻谷渗漏问题不大，但需充分利用隔水岩系或弱岩溶发育河段选择坝址，否则库首及绕坝渗漏问题较为严重，处理难度非常大。

（6）川东渝西溶洼——丘峰山地亚区

为川东弧形褶皱群区，背斜狭窄，向斜宽缓，为典型的隔挡式褶皱，轴线靠西侧多发育走向逆断层，岩层状多西陡东缓。华蓥山背斜因断裂切割导致寒武系至二叠系、三叠系可溶均有出露，南部的中梁山等背斜核部亦见二叠系灰岩出露；此外，其余背斜的核部均为三叠纪碳酸盐岩。循着碳酸盐岩与隔水层接触带发育的一系列以溶洼为主的负地形地貌形态是川东特殊的构造条件控制岩溶分布的特点之一，其岩溶发育情况多受切割侏罗系山脊各垭口的河流这一排泄基准面控制，受构造控制，背斜西侧岩溶化程度一般较东侧深，多形成规模较大的岩溶槽谷并有地表常年溪流；而东侧多为海拔较西侧高的溶丘地形，少常年性地表水流。寒武纪、奥陶纪灰岩因出露面积小，岩溶化程度相对较弱。二叠纪灰岩的岩溶发育及富水程度与其是否出露有关，出露者岩溶多较发育；同时，该地层中古岩溶发育。三叠系主要含水透水地层为中统嘉陵江组及下统飞仙关组的上部（厚约 80m）。背斜山地所出露的各个碳酸盐岩含水层均被侏罗纪隔水层所环绕，每个背斜构造均成独立的具补、径、排地段的地下含水系统，并越过切割的垭口峡谷排向碎屑岩区。长江及嘉陵江深切河段，临江两侧岩溶发育，洼地深陷且下伏深埋暗河。上述独特的间互状背斜水文地质结构区可充分利用侏罗纪隔水层的围限作用，于两侧的出口峡谷区选址筑坝，但应避免在其自成体系，可溶岩广泛分布、难以防渗处理的岩溶槽谷区建坝。

（7）渝鄂溶洼——丘峰山地亚区

下古生界至三叠系可溶岩均有分布，其中古生界地层分布在背斜核部，出露面积较小；三叠系岩层出露面积在 70% 以上。主要可溶岩地层为上寒武统中厚层硅质白云岩及硅质灰岩，下奥陶统灰岩、白云岩及页岩，中奥陶统含泥质灰岩，下二叠统栖霞、茅口组灰岩，上二叠统长兴灰岩，下三叠统嘉陵江组灰岩、白云质灰岩、白云岩，中叠雷口坡组上部灰岩及白云质灰岩。该区北部发育城口、镇坪、房县深断裂，构造线自西向东呈向南突出的弧形褶皱束，且背、向斜紧密相间并受上述深断裂的制约。受构造控制，可溶岩呈条带状近东西向展布，岩溶顺层发育，多形成规模较大的长大暗河系统，并于深切河谷中的背斜核部或与隔水层的接触带出露成泉。由于暗河管道的规模较大，其出口除随河谷下切见多期出口外，部分泉水甚至在河床底部形成上涌出口。部分可溶岩分布较宽的横向河谷段，尚可能存在顺河向的岩溶地下水深部循环状况。岩溶顺层发育强烈，水库选址论证时应注意邻谷渗漏问题，并注意沿河岩溶大泉及河谷裂点对坝址选择的影响，如双通水库坝址即选择在河谷裂点上游，下游尚发育有岩溶大泉，水库蓄水后存在严重的岩溶渗漏问题。

（8）长江中游溶原——丘峰与低山丘陵亚区

碳酸盐岩总厚度较大，但多零星地呈斑点状、条带状分布，碳酸盐岩在浙西厚度最小，鄂东南及皖南一带厚度最大，鄂中随县地区见中下元古界变质碳酸盐岩夹千枚岩、板岩，钟样一带震旦系灯影组为白云岩类，浙西上震旦统为硅质白云岩，江苏滁县一带震旦系为碳酸盐岩与碎屑岩互层；中寒武纪至中奥陶纪普遍发育碳酸盐岩，鄂中与三峡地区相似，从泥质白云岩类逐渐过渡到奥陶系的灰岩夹页岩；浙西、皖南、赣西北、鄂东南等地中寒武统以深灰色灰岩、泥质灰岩为主，常夹页岩，上统为泥质灰岩或泥质条带灰岩，鄂东南为较厚的白云岩；安徽长江北岸零星分布的中上寒武统以薄层灰岩为主。中下奥陶统在鄂东南至皖、苏两省沿江地带为灰岩，下统在东部常含白云质，向西多含泥质。中石炭纪碳酸盐岩广泛发育，黄龙组下部富白云质，上部为厚层灰岩。二叠系栖霞、茅口、长兴组灰岩分布亦广泛。浙西没有三叠系分布，皖苏境内长江沿岸及太湖以西为灰岩，鄂东南、鄂中、赣西北为大治组灰岩夹页岩，中统嘉陵江组为白云岩。零星分布的碳酸盐岩分别形成各自的地下含水系统，较多的是向斜或单斜式水文地质结构。总体上，寒武系、奥陶系一般岩溶发育程度较弱，三叠系岩溶发育也有限，石炭、二叠系碳酸盐岩中岩溶普遍较发育且含水丰富。

（9）滇东南溶原——峰林高原亚区

下古生界可溶岩主要分布在麻栗坡地区的南溪河流域，以碎屑岩夹碳酸盐岩为特征，寒武系为变质碳酸盐岩；上古生界及三叠系可溶地区分布在开远、个旧以东至丘北、广南一带，其中尤以三叠统个旧组白云质灰岩、白云岩及灰岩分布最广。断裂构造发育，以北西、北东东及北东组互相切割出现。个旧、蒙自、草坝一带的断陷盆地区属个旧组碳酸盐岩构成的均匀块状纯碳酸盐岩断块构造，断陷盆地南部为碎屑岩及火成岩隔水层围绕，南侧山区是元江与南盘江的分水岭，草坝以东的鸣鹫街一带有地下分水岭与平远街溶原为界共同构成此水文地质单元的边界，溶盆与周围山区的地形高差大，斜坡山区垂直入渗带极厚，但溶盆边缘是地下水排泄区，多见岩溶大泉分布。中和营、平远街一带为由个旧组碳酸盐岩组成的间互状纯碳酸盐岩断裂褶皱型水文地质结构，1450~1500m剥离面上发育有孤峰、溶洞、大泉及岩溶湖，中和营一带地下水从东、西、南3个方向向六郎洞方向排向南盘江，岩溶管道水具广泛补给区，径流途径长且埋深大、流量大。斜坡地带地下水深部径流作用强，水力坡度大，修建水库可能存在强烈的渗漏问题。

（10）黔桂溶洼——峰林山地亚区

主要发育上古生界碳酸盐岩，岩性纯，厚度大且分布广，给峰林地貌的发育奠定了物质基础。较纯的灰岩主要为中石炭统黄龙、马平组灰岩，以及二叠统栖霞、茅口组灰岩。较纯的白云岩主要为中上泥盆统白云岩及灰岩，下石炭统上司段中厚层白云岩及灰岩，中石炭统黄龙组、马平组白云岩及结晶灰岩。下石炭统地层下部的中厚层灰岩多夹泥质灰岩、页岩。发育开阔型及过渡型褶皱，局部发育线状紧密褶皱。区内各类背斜多构成分水岭，为附近的向斜的补给区，向斜倾角缓，埋藏浅，上层发育潜水含水层，保部含水层承压但不自流。分水岭地区岩溶发育强烈，各类岩溶形态均具，暗河及地下水埋藏相对较浅，但地表明流少见。红水河深切的凤凰山背斜区为峡谷地貌，河谷地带水动力部面发育完善，地下水以暗河形式径流，埋深30~50m，但地表干旱。该区处于由云贵高原向桂东溶原过渡的地貌斜坡地带，总体上地形起伏剧烈，发育幼年期峰丛地形，地表河流的伏流河段屡见不鲜，干流河谷深切300~600m，常呈陡立的障谷，河床纵剖面较陡；此类地貌斜坡地带修建大型水库，应研究深部径流的渗漏问题。因两岸分水岭较高，一般不会产生邻谷渗漏问题，但由于河流裂点的发育及两岸地下水位低槽带的存在，以及深部岩溶的影响，库首岩溶渗漏问题突出，应是研究的重点。

（11）粤桂溶原——峰林平原亚区

广泛分布晚古生代均匀状纯碳酸盐岩，泥盆、石炭、二叠系分布最广，发育最完善，桂东以中泥盆统一下石炭统为主，桂中以石炭二叠系为主。晚泥盆世、早石炭世、早二叠世等时期的非碳酸盐岩地区除后者分布普遍外，都不具区域性，因而在桂东厚千余米，桂中厚约3000m的碳酸盐岩中几乎没有隔水层相隔，且碳酸盐岩的纯度高，碳酸盐岩矿物占97%~98%，以灰岩类为主。弧形构造发育，多以平缓褶皱为主。在平缓褶皱为主的地质构造条件下，大面积连续分布的碳酸盐岩构成了均匀状灰岩平缓褶皱型水文地质结构，当断裂构造发育时，更增强了岩溶发育的程度。由于地壳相对稳定且每次上升幅度小，致使碳酸盐岩经受了强烈而深刻的溶蚀作用，地下水以水平径流为主，地下洞穴系统发育完善，地下水丰富且埋藏浅，地表、地下水文网发育。因岩溶发育强烈，水库渗漏问题突出，应主要以修建低水头径流式电站为主，不宜建高坝大库。

（12）湘赣溶盆——丘峰山地与丘陵亚区

湖南境内主要碳酸盐岩发育在上泥盆统、石炭统、二叠统及下三叠统地层中，赣闽省境主要为零星分布的中上石炭统及下二叠统、下三叠统碳酸盐岩。由开阔褶皱及过渡型褶皱组成的复式向斜发育。主要发育向斜褶皱型地下水含水系统，也有块断构造型者。湘中及湘东南地区复式向斜褶皱发育了典型的自流水盆地，下三叠统碳酸盐岩组成向斜核部的上层潜水含水层，中上石炭统及下二叠统灰岩构成深部承压含水层，一般呈北东至南西向延伸，面积大，水量丰富，承压水头一般高出地面 3~5m；岩溶发育强度在补给区最弱，承压区居中，排泄区岩溶发育强烈；另外，受承压水深循环影响，下二叠统灰中的岩溶发育深度可达负海拔高程 350.00m 左右。闽中地区为典型的间互状纯碳酸盐岩块断构造型水文地质结构，如三明盆地石炭、二叠系灰岩埋深 30~50m，上覆白垩系及新生界岩层，深部岩溶可发育至 150~240m，钻孔承压水位高出地面 0.6m。

（13）滇西褶皱系古生代碳酸盐岩岩溶区

均匀状灰岩主要有下石炭统含燧石条带厚层灰岩、下二叠系灰岩及白云岩，中三叠统厚层为灰岩。间互状碳酸盐岩主要有上寒武统灰岩与砂页岩互层、中上奥陶统砂质泥岩与泥灰岩互层、中志留统灰岩泥灰岩夹砂页岩、中上泥盆统灰岩泥灰岩、中上石炭统砂质泥岩、石英砂岩与生物碎屑灰岩互层。区内断裂发育，褶皱宽缓，碳酸盐岩主要分布在保山—镇康复向斜内，复向斜介于澜沧江、怒江深断裂之间。保山地区一般向斜开阔，核部由下二叠统灰岩组成，为区内主要含水层。镇康地区构造线为北东向，北部有勐简、南部有勐堆两个向斜，核部为下二叠统，中三叠统含水层，地下水沿层面自北东向南西排向南汀河。罗明—勐堆一带为线形紧密褶皱及倒转褶皱，总体为一向斜构造，二翼下石炭统、下二叠统灰岩为主要含水层，地下水向北向南径流排向怒江，谷底有泉水出露。耿马、孟连地区主要含水层亦为中上石炭统及二叠系灰岩。此外，在维西—无量山地区有三叠系间互状碳酸盐岩、中上奥陶统间互状变质碳酸盐岩含水层分布，在西盟一带有下古生界富水性强的大理岩，福贡—陇川地区变质岩中夹有大理岩含水层，南部的龙陵—瑞丽一带向斜核部侏罗系及翼部志留、泥盆系产间互状碳酸盐岩，中上奥陶统及下二叠统分别为均匀状白云岩及灰岩含水层。由于滇西地区强烈的抬升，河流深切，地下水的作用尚不适应排泄基准面的下降，近代岩溶发育微弱，主要为岩溶裂隙水，仅在保山、施甸、耿马、南定河一带见有暗河或岩溶大泉发育。

（14）秦岭褶皱系晚古生代变质碳酸盐岩岩溶区

上震旦统、寒武统、奥陶统、志留统、泥盆统、石炭统、二叠统、中三叠统地层中均见有碳酸盐岩分布，但碳酸盐岩分布狭窄，多为变质碳酸盐岩，常具碎屑夹层或互层，厚度及岩相变化均较显著。岩溶水文地质特征具有向邻区过渡的特征，是现代岩溶封闭负地形分布的北部边界，既有东秦岭及大巴山北麓的溶沟、溶斗、溶注现象，又有西秦岭的侵蚀、霜冻、泥石流作用与溶蚀作用共同塑状的山地地貌，近秦岭北缘则是岩溶旱谷与常规山地。石炭、二叠系碳酸盐岩中岩溶较发育，以岩溶裂原水为主，也有岩溶管道水。东秦岭及大巴山北麓地区地表岩溶现象较西部丰富，沿条带状分布并受断层切制的碳酸盐岩中发育有串珠状溶斗及条形洼地，地表岩溶洞穴规模较大，但地下岩溶不甚发育。

2. 岩溶大区——华北岩溶区

（1）晋冀辽旱谷——山地亚区

均匀较纯的碳酸盐岩主要为中寒武统厚层鲕粒灰岩、下奥陶统含燧石条带厚层白云岩和白云质灰岩、中奥陶统厚层灰岩及白云质灰岩，间互状碳酸盐岩主要分为上寒武统泥质条带灰岩、白云质灰岩、竹叶状灰岩；另外，中下震旦统中上部为断续分布的硅质白云岩、硅质灰岩。区内构造主要由燕山运动形成，构造体系在山一带为雁行式褶皱和逆断层，在燕山形成箱状及穹状褶皱；喜山期则主要为正断层活动，大面积上升和下陷形成若干相对应的地垒隆起和地堑盆地。碳酸盐岩多沿复式背斜翼部分布。地堑盆地边缘受构造影响，岩层倾角较陡或较乱，地垒或地堑部分岩层则相对平缓。主要水文地质结构为均匀状纯碳酸盐岩平缓褶皱型、块断型及单斜型，且以前两者为主。均匀状平缓褶皱型灰岩水文地质结构主要分布在太行山中南段东南麓广泛出露的中寒武统至中奥陶统灰岩地层中，岩溶发育，但单个岩溶形态总体规模较南方小，发育有娘子关泉、神头泉、司马泊泉等岩溶大泉。均匀状块断构造水文地质结构主要分布在太原盆地、太行山两翼的地重式盆地区，底部多为平缓但广泛分布的奥陶系灰岩，岩溶发育且较均匀。岩溶裂陈水丰富，形成晋祠泉等岩溶大泉。主要水文地质问题为地下洞室的涌水及水库渗漏问题；在研究洞室涌水及水库渗漏问题时，应重点关注断裂带及古岩溶的影响。

（2）胶辽旱谷——山地亚区

徐淮地区震旦系上部为较厚的灰岩、白云质灰岩夹页岩，辽北震旦系为巨厚的硅质白云岩、灰岩，旅大、吉林浑江一带震旦系为巨厚灰岩。寒武纪、奥陶纪碳酸盐岩在区内较为稳定，辽宁、吉林一带为中上寒武统鲕粒灰岩和中、下奥陶统灰岩、白云岩。山东地区寒武纪张夏组含海绿石鲕粒灰岩分布范围较广且厚度稳定。奥陶系下新统含燧石结晶白云岩分布较广；中统由灰岩逐渐过渡为泥质灰岩、白云质灰岩夹角砾状灰岩。鲁中南地区碳酸盐岩多构成产状平缓的背斜翼部，且受断裂切制而形成单斜地块。徐淮地区碳酸盐岩零星分布且多量单斜构造。地表早期剥离面残留的溶沟、石芽、溶洼及落水洞，溶洞等现象发育，且尚有一定规模。徐淮地区零星分布的丘陵一般高程均在200m以下，零星见有小型溶洞发育。旅大滨海地段碳酸盐岩海岸有海水作用形成的溶沟及石芽，海平面80m以下溶洞，多为溶孔及溶隙。鲁中南一带，寒武、奥陶系在秦山、沂蒙山以北被近南北向断层切制，以南则被北西至近东西向断裂切制，形成一系列单斜构造，具如下水文地质特点：岩溶潜水受到河流的补给，尤其河流顺岩层走向发育时，地表水多朝着单斜岩层顺倾向一侧补给地下水；地表分水岭与地下水分水岭不一致的现象较为普遍，部分甚至不存在地下分水岭；寒武、奥陶系单斜含水层在山前地形较低的地段，受隔水层阻挡，多形成承压岩溶泉，如济南诸泉；沿着裂隙溶蚀扩大组成的溶隙网，使含水层真有均一的透水性，构成具统一地下水面的地下含水系统，并形成本区丰富的地下水资源。

（3）祁连褶皱系元古代至古生代变质碳酸盐岩岩溶区

零星分布极少量的元古代至古生代变质碳酸盐岩，在早石炭世以后皆为碎屑岩。碳酸盐岩分布区多居褶皱紧闭的狭窄背斜部分，产状陡倾或直立，并伴随走向逆断层。受岩性组成、气候、降水及地下水的补径、排泄等条件影响，总体上岩溶弱发育或不发育，沿断层带地下水可能较丰富，但岩溶现象仍不甚明显。

（4）大横断山区溶蚀剥蚀区

主要可溶地层结构特征为褶皱系内的上古生界及中生界碳酸盐岩夹碎屑岩，且上古生界及三叠系均遭受了变质作用。金沙江以东的川西地区，木里地区发育泥盆系碳酸盐，以及泥盆一二叠系片岩与火山岩间夹大理岩；零星分布在得荣、木里南部、锦屏山及康定地区的石炭纪大理岩、结晶灰及白云岩类厚逾千米；邛崃山区片岩与千枚岩中略夹大理岩薄层；理县、丹巴一带石炭、二叠纪片岩中夹大理岩，二叠纪碳酸盐岩岩相复杂，厚度大，普遍变质；甘孜、雅江等地以三叠纪西康群碎屑岩夹灰岩为主；锦屏山一带中三叠统为厚约3000m的大理岩。藏东左贡、巴塘等区，怒江沿岸为上古生界片岩、千枚岩与大理岩、灰岩互层；昌都、理塘、巴塘等地二叠系为灰岩，结晶灰岩夹片岩及火山岩；昌都地区三叠纪波里拉组为灰岩、结晶灰岩。镇西北丽江、大理一带自奥陶至三叠纪均以碳酸盐岩为主夹碎屑岩及少量硅质岩。该区新构造运动强烈，断裂发育，褶皱形态复杂，在不同期构造运动影响下，碳酸盐岩遭受强烈褶皱及区域变质。总体上，该区由于强烈的新构造运动因此河谷深切，地势陡峻，山高谷深，物理风化作用强烈，碳酸盐岩多耸立在分水岭地带，大部分降水迅速汇集成地表径流，尽管具流水侵蚀与溶蚀的双重作用，但仍以流水侵蚀作用为主，地下水的溶蚀作用微弱，仅在一些宽谷、盐地中在继承新生代以来的岩溶发育的基础上，地下岩溶获得一定程度的发育。丽江、中甸等石炭、二叠、三叠统碳酸盐集中分布区，地下水分向深切的金沙江及其支流排泄，地下水循环深，沿隔水层边界溢出泉水，岩溶较发育，常见伏流、暗河发育。丽江、大理地区高原面保存较完整，主要沿大断裂发育系列构造溶蚀盆地。在横断山脉及东部的大雪山区的变质碳酸盐岩中，岩溶中等发育或弱发育，多分布高悬于深切河谷之上的岩溶裂隙水，除少数者外，多流量不大。锦屏山复向斜区，大理岩地下含水系统被隔水岩组包围，地下水沿岩层走向方向径流，排泄于横切碳酸盐岩的一级支沟内，岩溶地下水丰富，但向深部岩溶逐渐减弱，以岩溶裂隙水及岩溶层间水深循环为主。大渡河以东的邛崃山区变质碳酸盐岩岩溶中等发育或弱发育，多为裂隙岩溶泉，仅天全，宝兴一带夹金山中南段上古生界变质碳酸盐岩中泉水流量略大。本区南部边缘已居于向溶蚀作用为主的过渡地带，岩溶较北部发育，溶盆与溶洼、岩溶湖泊及岩溶泉等较北部多：如金沙江、澜沧江所剧烈分制而破碎的分水岭地带，仅在盆地和高原面上保存着面积不大的平坦地面，高程2800.00~2900.00m高原面大部分为红色风壳所掩覆，零散地分布着溶斗、溶洼，发育有盲谷，其下的断陷盆地边缘多为碳酸盐岩，岩溶相对发育，地下水丰富，多形成常年性湖泊或季节性积水，如香格里拉一带的纳帕海。

（5）新、藏干旱岩剥蚀溶蚀区

碳酸盐岩多分布于加里东、海西、印支及燕山、喜山等期形成的祁连山、天山与昆仑山、松潘、甘孜与唐古拉、拉萨、喜马拉雅等褶皱系中，且多以变质碳酸盐岩为主，仅塔里木地台包括古生界在内的寒武系，下石炭统碳酸盐岩未受变质。褶皱剧烈，断裂发育。稀少的降雨量与强烈的蒸发使本区气候较为干旱，几乎没有地表水流的侵蚀与溶蚀作用。喜马拉雅山地区南坡岩溶强于北坡，与其坡向有关，北坡处于冰缘区，各时期岩溶受高原环境及气候变化制约，岩溶化程度不充分，并在气候强烈影响下的霜冻、泥石流作用逐渐破坏既有的岩溶现象。念青唐古拉山纳木错一带，见有溶洞、天生桥、石芽等岩溶现象。青藏高原北缘山地及天山山地普遍见有物理风化剥落的碳酸盐岩岩屑以及屹立的碳酸盐岩山岭，偶见规模不大的残留溶洞。祁连山及天山一带虽有丰富的硫化物矿床，但受气候影响，亦未致碳酸盐岩强烈岩溶化现象。该区岩溶总体上中等发育或弱发育，除早期残留的岩溶现象外，现代岩溶多为溶蚀裂隙，或沿裂隙、断层发育规模不大的溶洞，但除深大断裂带外，岩溶发育深度一般不大。一般均为岩溶裂隙水，流量不大；沿断层深循环泉水流量一般较大且稳定；部分渗流通道补给区处于融雪水补给区时，亦可导致泉水流量较大。

第二节　岩溶发育的基本条件

岩溶发育的基本条件为：岩石具有可溶性；水具有溶蚀性和流动性；具备水体渗流的通道。

岩石具有可溶性才会产生岩溶现象，同时岩石还须具有透水性，使水能够渗入其中并流动，从而在岩石内部产生溶蚀作用。水具有一定的溶蚀力才能对岩石产生溶蚀，当水中含有 CO_2 或其他酸性成分时，其溶蚀力较强。产生溶蚀作用的水还需要有流动性，使其保持不饱和溶液状态和溶蚀能力，岩溶作用才会持续不断。

一、岩石的可溶性

1. 可溶岩的分类

可溶岩按矿物成分可分为 4 类：

（1）碳酸盐类岩石，如灰岩、白云岩、大理岩等。（2）硫酸盐类岩石，如石膏等。（3）卤素类岩石，如岩盐、钾盐等。（4）其他，如钙质胶结碎屑岩中的钙质砾岩、钙质砂岩等。

2. 岩石的可溶性

按可溶性排序，依次为：卤素岩—硫酸盐岩—碳酸盐—钙质胶结碎屑岩。在同类碳酸盐岩中，因矿物成分、结构等不同，岩石的可溶性存在明显的差异。

碳酸盐岩一般以钙、镁为其主要成分，通常由方解石和白云石两种矿物组成。试验研究表明，在纯碳酸盐岩中随着白云石成分的增多其溶解速度降低，相比方解石为易溶成分，白云石则相对较难溶解。碳酸盐岩中夹有不同成分、不同数量的不溶物质（如泥质与硅质），对岩石的可溶性影响较大，使溶蚀度明显降低。一般石灰岩的可溶性较白云岩强，也强于硅质灰岩、泥灰岩等。

岩石结构对溶蚀率的影响主要体现在岩石结晶颗粒的大小、结构类型及原生孔隙度三个方面。一般岩石结晶颗粒越小，相对溶解速度越大，隐晶结构一般具有较高的溶蚀率；鲕状结构与隐晶—细晶质结构的石灰岩有较大的溶解速度；不等粒结构石灰岩比等粒结构石灰岩的相对溶解度要大。但岩石的原生孔隙度对岩溶的影响更显著，通常孔隙度越高，越有利于岩溶的发育，因此结晶灰岩可溶性较隐晶质灰岩强，粗晶灰岩较细晶灰岩强。

岩石因变质重结晶对岩石的溶解速度也有明显的影响，其中大理岩的溶解速度较非变质灰岩低 50% 左右，白云岩的差异没这样显著。

3. 可溶性分类

卤素类及硫酸盐类岩石在地表分布有限，石灰岩分布很广，水利水电工程中通常遇到碳酸盐类岩石，故本篇中的可溶岩均指碳酸盐类岩石。碳酸盐岩的可溶性分以下 3 类。

（1）强可溶岩。主要为纯碳酸盐岩类的均匀石灰岩，如泥晶灰岩、亮晶灰岩、鲕状灰岩、生物碎屑灰岩等，通常循层面或断层带发育规模较大的洞穴管道系统及溶隙。

（2）中等可溶岩。主要为次纯碳酸盐岩、变质重结晶的碳酸盐岩，如灰质白云岩、白云质灰岩、泥质灰岩、硅质灰岩、大理岩等。通常循层面或断层带发育单个溶洞及溶隙。

（3）弱可溶岩。主要为纯碳酸盐岩类的均匀白云岩、次纯碳酸盐岩夹碎屑岩、不纯碳酸盐岩类的碎屑岩与酸盐互层，主要有白云岩、泥灰岩、硅质白云岩、石灰岩夹碎屑岩、石灰岩与碎屑岩互层等。岩溶发育微弱、极微弱或不发育。

二、岩石的透水性

1. 透水性

岩石的透水性是指岩石允许水透过本身的能力。对灰岩、白云岩及之间的过渡灰岩石，在构造不发育、岩溶不发育的情况下，其本身不透水；透水性主要取决于岩石中裂隙的发育程度及溶蚀化程度，当可溶岩岩体不完整、岩溶发育强烈时岩石透水性强，反之微弱。因此，对于碳酸盐岩来说，其透水性主要指岩体的透水性。

（1）原生结构面。如层面或层理裂隙等，是在岩石形成过程中产生的。在构造变动微弱的地台区、层面或层理裂隙对岩石透水性起着决定性作用。

（2）构造结构面。如构造裂隙，是岩石受构造应力作用而产生的裂隙。其特点是延伸远，成组分布，是水对碳酸盐岩作用的主要通道。其方向、性质及密度，在很大程度上决定于该区的褶皱与断裂错动的关系，以及岩层的产状等。在背斜顶部张裂隙带（常常宽而深）、向斜轴部下方张裂隙带，以及大型断裂带与交汇部位，岩石破碎，或裂隙密集分布，岩石透水性均较好，是岩溶强烈发育地区。

（3）次生结构面。如边坡剪切裂隙、风化裂隙等，由边坡卸荷与风化作用在边坡表层或岩石圈上层构造裂隙或层理裂隙变宽形成。这些岸剪裂隙带、风化裂隙带岩石透水性亦较强，岩溶较为发育。

2. 透水性分类

（1）岩溶含水层组。按岩石可溶性与非可溶岩的组合关系以及可溶岩或非可溶岩能否构成独立的含水层或具有可靠的隔水性能等划分为以下 5 种基本类型：1）均匀状的岩层组合的强岩溶含水层组。2）中等岩溶含水层组。3）弱岩溶含水层组。4）相对隔水层组。5）可溶岩与非可溶岩为间互状岩层组合的多层次含水层组。

可溶岩夹非可溶岩、可溶岩与非可溶岩互层、非可溶岩夹可溶岩等3种间互状岩层组合，当非可溶岩被构造、侵蚀，岩溶塌陷等破坏不起隔水层作用的情况下，可单独构成强、中等、弱岩溶含水层组，其类型需视非可溶岩的连续性与百分含量，以及可溶岩的可溶性强度来确定。如可溶岩为强可溶岩，非可溶岩不连续、厚度百分含量小于5%，可定为强岩溶含水层。

（2）岩溶透水层组。岩溶透水层组类型与岩溶含水层组类型基本对应，一般情况下，强岩溶含水层组即为强岩溶透水层组，弱岩溶含水层组即为弱岩溶透水层组。但其差别在于某些岩溶含水层组的透水性具有方向性，即垂直与平行岩层层面方向的透水性能不同，甚至相差悬殊。通常建于水平状岩溶层组的水库很有可能发生渗漏，而且难于治理，而建于岩溶层组倾角陡倾的横向谷水库发生渗漏的可能性相对较小。

三、溶蚀作用

1.溶蚀作用类型

（1）碳酸盐溶蚀。侵蚀性二氧化碳对碳酸盐岩的溶蚀，取决于其中碳酸含量，即水中游离CO_2的含量。它与碳酸盐作用，转化为重碳酸，水的溶蚀力就可大大增强。

研究表明，水中CO_2主要由大气降水及土壤层的微生物所创造，对浅表部岩溶发育作用较大。可溶岩溶蚀过程也是水中CO_2的平衡过程，即水中CO_2含量减少，平衡受到破坏，必须吸收外界CO_2，使水中的CO_2重新达到新的平衡。碳酸盐岩的不断的溶解，首先决定于扩散进入水中的CO_2的速度，这个速度一般是很慢的。若温度增高，扩散加速，水中CO_2可在较短时间内恢复平衡，溶蚀速度加快。

以典型的石灰岩化学溶蚀作用过程为例，水流对可溶岩的化学作用过程实际上包括溶解和沉淀两个方面。研究结果表明，水的溶解作用是CO_2、水和碳酸钙（$CaCO_3$）的化学反应过程。

前南斯拉夫学者包格利把石灰岩溶蚀过程分为以下4个化学阶段。第一阶段：石灰岩中碳酸钙溶解于水生成钙离子和碳酸根离子，但水中所含碳酸还没参与其作用。在达到化学平衡时，1L水在8.7℃时可溶解灰岩10mg，16℃时可溶解13.1mg，25℃时可溶解14.3mg。

第二阶段：原溶解于水中的CO_2起反应。水中所含的CO_2可分为物理态和化学态两种，即物理溶解及与水化合成碳酸的化学溶解。当水温为4℃时，水中所含CO_2只有

0.7%与水化合，其余为物理溶解状态。所谓侵蚀性CO_2，即指化学态CO_2。溶解CO_2生成碳酸离解氢离子与第一阶段碳酸根离子化合成重碳酸根离子，从而打破第一阶段离子平衡，引起灰岩新的溶解。

第三阶段：是因水中溶解的物理态和化学态的CO_2也有一个平衡关系。由于第二阶段的作用其平衡被破坏，水中物理态的CO_2的一部分转入化学态，与水化合，成为新的碳酸。构成一个链反应，其结果是石灰岩不断溶解。

第四阶段：是水中CO_2含量和外界CO_2含量也有一个平衡关系，水中CO_2含量减少，必须吸收外界CO_2补给，使水中CO_2含量重新达到平衡，使石灰岩能继续不断溶解。可见，石灰岩的溶解过程受一系列化学平衡的限制。石灰岩的继续不断溶解，首先决定于扩散进入水中的CO_2的速度。

（2）硫酸盐溶蚀。侵蚀性水对硫酸盐岩的溶蚀。

（3）氯化物溶蚀。侵蚀性水对氯化物岩的溶蚀。

（4）混合溶蚀。两种或两种以上不同水温、不同水质的水混合后溶蚀作用加强。河流岸坡地带往往岩溶相对发育，存在一个地下水低平带，很可能就是由于河水与岸坡地下水混合溶蚀所致。贵州二叠系上统吴家坪组灰岩多夹砂质、炭质页岩及煤层，岩溶相对发育，很可能就是煤层的硫化物遇水，加剧溶蚀作用所致。

（5）接触溶蚀。可溶岩与非可溶岩接触带，往往溶蚀作用加强，形成串珠状洼地及岩溶管道。

（6）交代溶蚀。李景阳等人在前人研究的基础上，根据可溶岩溶滤残留物红黏土的厚度与可溶岩中非可溶成分百分含量的不匹配，残积红黏土的层纹与裂隙构造同母岩层纹及裂隙构造的相似性，白云岩残积红黏土与基岩之间分布的白云岩风化砂、灰岩残积红黏土与基岩之间分布的灰白色多孔状强风化过渡层，残积红黏土风化壳稀土元素的分布特征、微观结构特征等，提出溶蚀作用的本质是一种交代溶蚀。现大量的工程开挖证实，残积红黏土下普遍分布有溶沟溶槽和石芽石柱，当其上的红黏土被侵蚀殆尽，再经流水的进一步塑造，便形成婀娜多姿的石柱、石林。这比用纯侵蚀及溶蚀作用解释石柱、石林的形成，似乎更加符合客观实际。雅砻江锦屏二级水电站辅助交通洞埋深逾1000m，隧洞涌水中含砂多，含黏土少，重金属含量高，可能是因为交代条件差，所以溶洞规模不是很大。

2. 溶蚀作用与侵蚀作用

如果说，在岩溶发育的初期（岩溶裂隙发育阶段），侵蚀作用只是起辅助作用，到了岩溶发育后期（地下河发育阶段），就很难说是以溶蚀作用为主还是以侵蚀作用为主。

这表现在，规模较大的地下河洞底、洞壁及洞顶随处可见光面、流痕、冲坑等。从残留冲坑的砂卵砾石不难看出，砂卵砾石在侵蚀过程中起着重要的磨蚀作用；从洞顶分布的锅背状冲坑光滑面不难看出，有压漩涡流在侵蚀过程中也起着重要作用。在广西漓江桂林至阳朔河段两岸，平枯河水位高程断续分布的某些凹槽，显然也是侵蚀作用的结果。

河流的侵蚀作用，横向上以排泄基准面控制着两岸地下水径流特点和分带；纵向上控制着地貌的发育特点和分布面积。对贵州而言，Ⅰ级、Ⅱ级河流分水岭地带地形开阔，河流切割浅。如长江与珠江的地形分水岭水城—六枝—安顺—平坝—贵阳一线、南盘江与北盘江的地形分水岭盘县—兴仁—安龙（贞丰）一线、长江与乌江的地形分水岭毕节—金沙（黔西）—遵义—绥阳—湄潭—德江一线、舞阳河与清水江的地形分水岭黄平—三穗一线等。在这些地区，因地形相对开阔平坦，不仅是贵州的农业发达区，而且是重要城市所在地。而Ⅰ级、Ⅱ级河流的中下游多河谷深切、岸坡陡峻，相对高差达300~500m，甚至更大。只有河谷相对开阔的局部河段才临水兴建城镇，如思南、沿河。岩溶地区的Ⅲ级、Ⅳ级河流则多呈反均衡剖面，即上游河床比降平缓，下游河床比降陡峻。如猫跳河的上游清镇、平坝一线，河流浅切、地形开阔。下游河谷则多为峡谷、嶂谷和隘谷，出口以跌水注入乌江。猫跳河的支流入注干流或在入注前数千米潜伏地下形成断头河，如麦架河、暗流河等。麦架河、暗流河的支流又有不少在入注前数百米至数千米潜伏地下，形成规模较小的盲谷。

3. 溶蚀作用与崩塌作用

当溶洞发育达到一定规模后，重力引起的崩塌作用不仅存在，甚至占据主导地位。这表现在：大型溶洞底部无不分布有孤石、块石及碎石；天生桥塌陷不仅形成堰塞湖，而且改变溶蚀作用的环境条件；岩溶塌陷导致上覆非可溶岩塌陷，形成天窗。

4. 溶蚀作用与堆积作用

岩溶塌陷与堆积作用的因果关系是不可分割的，有塌陷便有堆积；地下河中不仅有冲洪积形成的松散堆积物，而且可以形成漫滩、台地，如同地表河；溶洞中的化学堆积物则更是塑造了溶洞的别有洞天。

岩溶地区最普遍、最典型的堆积物当属红黏土。它可以是溶滤残积形成，也可以是交代溶蚀形成，还可以是红黏土经搬运（坡积、冲积、洪积）形成。

总之，溶蚀与侵蚀、崩塌、堆积作用是很难分开的，只是在某一时期谁占主导地位，谁处次要地位。例如南盘江的天生桥峡谷（俗称，下同）、坝索峡谷，北盘江的板江峡谷，六冲河的重阳峡谷、两扇门峡谷，猫跳河的窄巷口峡谷等，这些峡谷不仅两岸壁立，而且河谷深邃、水流暗涌，当出现崩塌后，又转而成为险滩急流。

四、岩溶地下水动力特征

产生溶蚀作用的水不仅具有溶蚀性，还需具有流动性。岩溶水的流动即岩溶水的运动，其动力特征因类型、循环条件不同而存在明显差异。

1. 河谷岩溶水类型

河谷岩溶水类型一般可按下列方法划分。

（1）按循环系统特征分为分散流和管道流，包括隙流、脉流、网流及管道流，裂隙水、溶洞水及地下暗河等。

（2）按水的运动带分为饱气带水、季节变动带水、饱水带水及深循环带水。

（3）按水流性质分为潜水和承压水。

（4）按渗流介质及规模，工程上岩溶地下水常分为溶蚀裂隙水、岩溶管道水、地下暗河。其中，暗河与岩溶管道水区别在于：暗河枯季流量大于 $0.1m^3/s$，且有规模较大的明显出口的大型地下水渗流通道。而岩溶管道水流量小于 $0.1m^3/s$，出口规模小而分散。例如广西都安地区的地苏地下河系总长 50 多千米，集水面积达 $900km^2$，有支流 13 条，洪水期最大流量达 $390m^3/s$。

2. 岩溶水动力类型

岩溶水动力类型分补给型、补排型、补排交替型、排泄型及悬托型 5 类。

（1）补给型。河谷两岸地下水位高于河水位，河水受两岸地下水补给。其形成条件有：1）河谷为当地的最低排泄基准面。2）河谷的可溶岩层不延伸到邻谷。3）两岸有地下分水岭。

（2）补排型。河谷的一侧为地下水补给河水，另一侧为河水补给地下水，向邻谷或下游排泄。形成条件为河谷一侧有地下分水岭，另一侧的可溶岩延伸至邻谷，且无地下分水岭。

（3）补排交替型。洪水期地下水补给河水，枯水期河水从一侧或两侧补给地下水。形成条件为河谷两岸和河床岩溶发育，地下水位变动幅度大，洪水期为补给型河谷，枯水期为排泄型河谷。

（4）排泄型。河水向邻谷或下游排泄，河水补给地下水。形成条件有：1）河谷两侧有低邻谷，并有可溶岩层延伸分布，且无地下分水岭。2）河谷两岸有强岩溶发育带或管道顺河通向下游，地下水位低于河水位。

（5）悬托型。河水被渗透性弱的冲积层衬托，地下水深埋于河床之下，与河水无直接水力联系。形成条件为河床表层透水性弱，基岩岩溶发育，透水性强。

3. 河谷岩溶水动力分带

河谷区岩溶水动力类型因岩溶水的运动形式和循环强度、深度的不同而变化。由单一岩性组构成的河谷，在向地下深处的垂直方向上，按地下水循环条件，可划分为4个水动力带。

（1）饱气带。从地表到最高地下水位面之间的部分。在此带中，地下水自上向下渗透，主要在垂直形态岩溶中活动，并促使垂直形态岩溶发展。

（2）地下水位季节变动带。位于最高、最低地下水面之间。此带地下水在高水位时期做水平运动，在低水位时做垂直运动，故水平形态和垂直形态岩溶均易发育。

（3）饱水带。范围从最低地下水面至深部地下水向河流运动区。此带地下水在两岸做大致水平的运动，河床以下自下向上运动，向河流排泄地下水运动可用流网表示。岩溶发育主要在上部，以发育水平状岩溶形态为主，下部岩溶发育微弱。大量实际资料表明，此带分水岭地区钻孔地下水位随深度的增加而下降；河床钻孔地下水位随深度的增加而升高。

（4）深循环带。本带岩溶发育和地下水运动都十分微弱，并且地下水不向邻近的河床排泄，而是向下游或远处缓慢运动，是深部岩溶发育的基础条件。

水平方向上，岩溶河谷地下水位与一般岩石河谷不同，总体区别是岩溶区地下水位埋深大，坡降平缓，河床岸边受强溶蚀影响而出现水位低平带，地下水位坡降更加平缓。岩溶地下水水位动态，在不同的地貌部位，各有其特征：

（1）近岸地段。为岩溶水排泄区，地下水位变化几乎与河水位的年变化曲线同步，幅度也接近。地下水位低平，两岸常存在地下水位低平带或地下水位低槽带，地下水位动态受河流水文因素变化控制。

（2）谷坡地段。属地下径流区，地下水位陡降且动态变化复杂，可分为缓变与剧变两种类型。缓变型与分水岭地段相似，但变幅大。剧变型，是在集中降雨期水位急剧上升，形成局部的暂时性水位高峰，而在雨后短时间内，水位又迅速下降，趋于平缓，其动态曲线呈尖峰型。谷坡地段地下水位动态主要受气象因素变化控制。

（3）分水岭地段。为地下水补给区，水位变幅一般比近岸地带大，但总体较为平缓，一年中的高、低水位过程，分别出现在雨季和枯季的后期，其地下水位动态亦属气象因素变化控制。

4. 岩溶区地下分水岭

岩溶地区地下水分水岭位置与地形分水岭，多数条件下仍基本保持一致，但在以下条件下则易出现偏离。

（1）一侧岩溶发育，地下分水岭偏向岩溶不发育一侧。

（2）一侧存在低邻谷，地下分水岭偏向补给一侧。

（3）可溶岩与非可溶岩共同组成，地下水分水岭偏向非可溶岩一侧。

（4）河湾地形，地下水分水岭则受内部地质结构和岩溶发育特点控制，可能平行于河谷也可能与河谷垂直。

五、岩溶地下水系统

岩溶地下水系统包括岩溶地下含水系统和地下水流动系统两个概念。其中，岩溶地下含水系统即为之前的岩溶水文地质单元，地下水流动系统与岩溶管道水系统或暗河系统的意义相当。

岩溶地下含水系统是指由隔水层或相对隔水层封闭的，具有统一水力联系的可溶性含水透水岩体。控制含水系统发育的，主要是地质结构。在同一岩溶含水系统内，地下水具有统一的水力联系，是一个独立而统一的水均衡单元，且通常以隔水层或相对隔水层作为系统边界，它的边界属地质零通量面（或准零通量面），系统的边界是不变的。

地下水流动系统是赋存于含水系统中的、由源到汇的流面群构成的、具有统一时空演变过程的地下水体。地下水的补给区即为源，排泄区即为汇，地下水从补给区向排泄区运动，并可由连接源与汇的流面反映出来。控制地下水流动系统的主要是水势场，在天然条件下，自然地理因素（地表、水文、气候）控制着势场，因而是控制流动系统的主要因素。

岩溶含水系统和流动系统从不同角度出发，分别表征了岩溶地下水赋存与运动的两种特性。一个地下水流动系统具有统一的水流，沿着水流方向，水量、水质、水温等发生规律的演变，呈现统一的时空有序结构；其以流面为边界，属于水力零通量面边界，边界是可变的。在同一个结构复杂的岩溶地下含水系统中，可能存在由不同流面群外包面圈闭的局部地下水流动子系统或区域流整体地下水流动系统，区域流动系统中亦可嵌套局域流动系统。相对独立的独田岩溶地下含水系统中即包含了7个地下水流动系统及一些零星的小地下水流动系统。同一含水系统内地下水流动系统所占据的范围取决于势能梯级度和介质渗透性，势能梯级越大或渗透特性越好，则该流动系统所包括的范围就越大。

同一岩溶含水系统中的地下水之间存在水力联系，但地下水一般仅在其流动系统内运移，只是其流动系统的边界会随着外部条件的变化而变化，但一般不会超过岩溶含水系统的边界。

岩溶含水系统一般表示该系统由可溶性含水透水岩体组成，地下水可能较丰富；但一个岩溶含水系统内什么地方岩溶发育、地下水活跃，则取决于地下水径流条件，即地下水流动系统。一般来说，分水岭部位多为补给区，地下水循环以垂直运动为主，但势场小，流线稀，地下水交替快但存留时间短，一般岩溶不甚发育，故在岩溶地区，地下水分水岭有时低于水库正常蓄水位，但水库依然不会渗漏。而在靠近河谷岸坡部位，地下水势场大，流线密集，地下水活跃、富集，故岩溶较为发育。根据地下水流动系统的源汇理论，可较好地解释在岩溶地下水上升水流部位，地下水亦具承压性质，河床钻孔出现承压水现象即是揭穿上升水流的结果。

第三节　影响岩溶发育的因素

影响岩溶发育的因素主要有地层岩性、地形地貌、构造特征、新构造运动、气候、水的侵蚀性等，其中以地层岩性、构造、地形地貌及气候影响最为突出。

一、地层岩性

地层岩性是岩溶发育的物质条件。同一地区不同地层时代和地层组合岩溶发育程度也会出现差异。岩性决定岩石的可溶性，碳酸盐岩地层中岩性越纯越易溶蚀，岩溶越发育。根据试验资料，作为碳酸盐可溶程度主要标志的比溶解度随岩石中方解石含量的增加而增高，随着白云岩含量的增加而减小。

当方解石含量大于20%时，点线呈线性相关。

CaO/MgO与岩石比溶解度之间为非线性关系。CaO/MgO与比溶解度可分为3段：在方解石含量小于25%、CaO/MgO小于2的白云岩段，比溶解度一般小于0.8，此时，CaO的增加对溶解度的提高很敏感。在方解石含量为25%~65%、CaO/MgO为2~22的灰质白云岩和白云质灰岩段，随CaO含量的增加，比溶解度从0.8上升到1.0，不过，它们之间的相应变化关系比较缓和。当方解石含量大于65%，CaO/MgO大于22时，比溶解度的变化在1~1.2之间，略呈平缓的直线型。根据上述比溶解度所反映的岩石可溶性鉴别，试验区的碳酸盐岩可相应划分为可溶性弱、中等和强3类。

上述试验说明，方解石含量愈多，CaO/MgO比值愈大，岩石愈易溶解，因此，岩溶也最易发育。

万家寨水库区410个薄片鉴定成果统计，马家沟组灰岩中上部的CaO含量高达50%，方解石占95%~100%，且以隐晶、泥晶、微粒结构为主；而下伏上寒武统灰岩中酸不溶物含量较高，多系碎屑结构，岩溶发育程度亦在马家沟组灰岩中最为强烈。

地层厚度对岩溶发育的影响主要表现为岩溶作用的深度和规模。碳酸盐岩地层厚度大，不受非可溶性岩层的阻隔，地下水运移和岩溶发育就可以进行得很深，发育岩溶的规模也较大，较深长。若碳酸盐岩地层厚度较小，则只能形成一些小规模的浅层岩溶或层间岩溶。因此从地层层组来看，厚层岩层的岩溶较薄层岩层发育，单一地层结构较互层和夹层状结构岩体溶蚀强烈。

可溶岩的上部，若无其他岩层或松散堆积物覆盖，可溶岩直接裸露于地表，岩溶就比较发育。因此可溶岩居上时岩溶发育强烈，反之则发育弱。

从地层时代来讲，老地层经历的构造运动多，完整性差，透水性好，易于岩溶发育。如贵州的寒武系石灰岩地层普遍较三叠系石灰岩地层溶蚀强烈。

二、地质构造

褶皱、断层、节理裂隙等主要地质构造对地下水的入掺和循环运动的途径、方向起着明显的诱导作用，从而控制岩溶发育的方向和格局。

1.层面构造是可溶岩的基本构造结构面，一般延伸较长，是地下水渗流的主要结构面，其倾角对岩溶发育影响较大，陡倾岩层较缓倾岩层溶蚀强烈，而水平岩层溶蚀相对较弱。

2.褶皱构造影响岩溶发育的方向和部位，岩溶发育方向多平行于褶皱轴向，发育部位向斜核部较两翼强烈，倾伏端较扬起端强烈，背斜核部受张开结构面的影响表层溶蚀强烈，深部及两翼发育相对较强烈；向斜总体较背斜溶蚀强烈。

3.断层或构造破碎带，是地下水集中渗入和循环地带，是岩溶现象密集分布的地带。总体上，张性断层比压性断层的岩溶发育，陡倾断层比缓倾断层的岩溶发育。

4.节理、裂隙，是地下水入渗的基本结构面，与断层构造相似，倾角越陡溶蚀越强烈。常见的溶沟、溶槽多为陡倾产状。

三、地形地貌

地形坡度影响到地表水的下渗流量。在地形平缓的地方，地表径流流速缓慢，下渗量就大，有利于岩溶发育，反之不利于岩溶发育。

平原地区，地下水位较浅，垂直渗漏带较薄，易发育埋深较浅的地下廊道和暗河。深切的山地、高原地区，垂直渗漏带深厚，地下水埋藏较深，垂直型岩溶形态发育，只有在潜水面附近才发育水平向岩溶管道。

四、新构造运动和水文网演变

新构造运动中尤以地壳间歇性抬升控制河谷地区水文网演变，进而影响河谷型岩溶发育。地壳抬升间歇时间越长，地表水文网包括干流、支流与支沟形成的系统越充分发育，越有利于岩溶发育，可形成规模大、延伸长的暗河等管道系统。而地壳抬升间歇时间越短，抬升幅度越大，越不利于岩溶发育，岩溶发育速度慢于河流下切速度，在河谷两岸陡壁不同高程常见有溶洞或暗河出现。导致地下深处岩溶弱发育或微发育。

五、地下水活动

地下水的运移方式和集中程度会影响到岩溶发育。在垂直渗流带，地下水以垂直运动为主，有利于垂直岩溶洞隙的生成；在地下水季节变动带，地下水垂直运动与水平运动不断呈交替变化，垂直和水平向岩溶洞隙形态都有发育；在地下水饱水带，地下水以水平运动为主，易发育水平状岩溶管道、暗河等。

若存在地下水深部渗流循环，则会导致深岩溶的发育。

六、气候

气候是影响岩溶发育的因素之一。在低温条件下，无论水的溶蚀力、流动交替还是岩溶作用反应速度都比较慢，岩溶发育的过程缓慢，相反则溶蚀作用较强。

降水多少不仅影响水的入渗条件和水交替运动，而且雨水通过空气和土壤层，带入游离 CO_2，能使岩溶作用得到加强。

比较我国温带、亚热带和热带气候地带岩溶发育程度：热带最发育，而且地表、地下都很发育；亚热带地表、地下岩溶也发育，但发育程度和规模比热带差；温带只发育地下岩溶，地表岩溶不发育。

七、植被和土壤

植被对岩溶发育影响主要表现为：

1. 植物根部的游离 CO_2 有利于溶蚀作用和潜蚀作用；

2. 植被覆盖能增加空气湿度和降水量，增强水的下渗，促使地下岩溶发育；

3. 植被覆盖有利于阻碍地表水冲刷破坏，使得已形成的漏斗、洼地、溶隙和洞穴得以发育加大。

土壤能够影响地表水下渗和水中游离 CO_2 含量，进而影响岩溶发育，疏松的土壤有利于地表水下渗，并产生大量游离 CO_2。

第四节　岩溶发育的一般规律

一、选择性

选择性表现在岩性和地层两方面。对岩性的选择，总体说是碳酸钙含量越高，岩溶越发育。对地层的选择，在贵州强岩溶地层主要有：震旦系上统灯影组、寒武系下新统清虚洞组，奥陶系下新统红花园组、中统宝塔组，石炭系下新统摆佐组上段、中统黄龙群、上统马平群、二叠系下新统栖霞组、茅口组、三叠系下新统夜郎组第二段，永宁镇组第一、第三段，茅草铺组第一、第三、第四段，中统凉水井组、坡段组、垄头组等。

二、受控性

1. 受隔水岩组控制

当隔水岩组或相对隔水岩组具有一定厚度，且呈缓倾状态分布时，可以阻止岩溶向深发育，隔水岩组成为溶蚀基准面，多有悬挂泉、飞泉形成。当隔水岩组具有一定厚度，且与可溶岩陡倾接触时，一方面可以阻止岩溶水平方向向前发育；另一方面由于接触溶蚀，又可以加剧岩溶的发育，多形成接触泉。当可溶岩为隔水岩组所覆盖时，河流接近切穿非隔水岩组或切割下伏可溶岩不深时，多形成承压泉。当有多组隔水岩组与可溶性透水岩组相间分布时，岩溶发育多具成层性，且多发育在接触带附近，但总体上岩溶发育程度不会太强。

2. 受褶曲构造控制

在贵州向斜多形成盆地，有利于地表水的汇集；同时向斜属汇水构造，有利于地下水的汇集。丰富的地表水和地下水有利于岩溶发育。间互状可溶岩形成的向斜，还可促使岩溶向深发育，形成承压岩溶含水层。背斜多形成地形分水岭，不利于地表水的汇集；同时背斜，特别是间互状可溶岩形成的背斜不利于地下水的汇集，因而岩溶发育相对弱。但是，当非可溶岩被剥蚀，背斜轴部的可溶岩出露后，则形成四周为非可溶岩包围的储水构造，也有利于岩溶的发育，在可溶岩与非可溶岩接触带多有泉水出露。当可溶岩出露面积及接触泉与当地排泄基准面高差足够大时，接触泉还往往为温泉。

3. 受断裂构造控制

导水断层、裂隙密集带有利于岩溶的发育，人们的认识几乎一致；阻水断层对岩溶发育的影响，人们的认识就大相径庭了。作者认为，阻水断层一方面可以阻止岩溶的发育；另一方面由于侧支断裂力学性质的改变及接触溶蚀作用的加强，又可加剧岩溶的发育。因此，阻水断层不是岩溶不发育，只是岩溶发育的部位不同而已，岩溶发育，主要在两侧（尤其是上盘）影响带内，断层带内一般不甚发育；在现场看到阻水断层也发育得有较多串珠状溶洞，多为两侧岩溶发育塌空后侵蚀的结果，且断层多分布在溶洞下方。

另外，断裂构造不仅控制岩溶发育的强弱，还控制岩溶发育的方向性。

4. 受新构造运动及地壳上升速度变化控制

地壳上升速度快时，岩溶发育以垂直形态为主；地壳运动相对稳定时，岩溶发育则以水平形态为主。因此，随着地壳上升运动间歇性变化，岩溶分布具有成层性，且这种成层性与新构造运动形成的剥离面、阶地面具有较好的对应性。

5. 受气候控制

表现在我国北方的地表岩溶形态（如峰林、洼地等）不如南方发育；贵州峰林的相对高度不如广西。有人认为贵州峰林的高度不如广西是贵州峰林遭蚀余的结果。贵州地壳上升幅度比广西大，为何这种蚀余作用反而比广西强，是与岩性、岩层组合有关还是与蚀余作用有关，值得商榷。

三、继承性

对应地壳上升运动的每一个轮回，都有垂直、季节变动、水平及深部渗流带岩溶的发育；同时，先一轮回发育的 4 个岩溶带，又为后一轮回岩溶发育提供了条件，或者说后一轮回岩溶往往是追踪先一轮回岩溶发育。这种追踪可以是叠加，也可以是改造，或两者兼而有之。

四、不均匀性

岩溶发育的选择性、受控性和继承性的结果是岩溶发育的不均匀性。因此可以说，不均匀性是岩溶发育的最大特点，是造成岩溶地下水系统性、孤立性、变迁性、悬托性、穿跨性等的前提条件。

另外，在河谷地带，岩溶发育常见有向岸边退移现象。当河谷两侧有明显的地下水位低槽带，或岩溶大泉分布时，两岸地下水的循环多受岩溶大泉或岸坡地下水位低槽带的控制，而河床部分地下水主要表现为与地表河水联系紧密的浅部循环，此种情况下，河床部位的岩溶发育呈现停滞现象，现有的岩溶现象主要为早期岩溶发育的结果，且除表层岩溶外，河床深部的溶洞多呈充填状态，地下水的渗流条件较浅部差。

五、深岩溶

现代地下水循环带以下存在的岩溶现象为深岩溶。其形成原因包括古岩溶、深循环构造型岩溶，或受区域排泄基准面控制发育的深部岩溶。

第五节　岩溶基本形态及类型

一、岩溶地貌

1. 岩溶槽谷。是指长条形岩溶洼地或连续分布的洼地群，沟谷底部较平坦，发育受构造控制。

2. 岩溶盆地。是大型溶蚀洼地，俗称"坝""坝子"。是在一定构造条件下，如断层、断陷以及岩溶、非岩溶化岩石的接触带，经长期溶蚀、侵蚀而成。其底部或边缘常有泉和暗河出没。如贵州安顺、云南罗平都是较大的岩溶盆地。

3. 岩溶平原。岩溶地区近乎水平的地面。大型的岩溶平原常出现在可溶岩与非可溶岩接触带附近。由于长期岩溶作用，岩溶盆地面积不断扩大，可达数百平方千米，地表为溶蚀残余的红土覆盖，呈现出平缓起伏的平原地形，局部散布着岩溶残丘和孤峰。广西的黎塘、贵港等地区的岩溶平原最为典型。

4. 岩溶准平原。因岩溶发育，造成地面起伏很小，被称为岩溶准平原。与岩溶平原的区别在于岩溶循环演变，其方式是：由最初稀疏的圆洼地不断扩大，地面崎岖，至洼地合并，底部不断扩大成平原，且有孤立残丘的溶蚀过程。

5. 岩溶夷平面。岩溶准平面经过抬升而成的地貌现象，它反映夷平面形成时期，岩溶是以水平溶蚀、河流侧蚀的方式为主进行的，属流水岩溶，后期的地壳上升运动将这个较平坦的地面置于不同的高度，常见于山顶，呈波状起伏峰顶齐一的形态。

6. 盲谷。岩溶地区没有出口的地表河谷。地表的常流河或间歇河，其水流消失在河谷末端的落水洞而转化为暗河，多见于封闭的岩溶洼地或岩溶盆地里。

7. 干谷。岩溶地区干涸的河谷。以前的地表河，因地壳上升，侵蚀基准面下降而转为地下河，所以地表河谷成为干谷，一些地区由于近期上升运动强烈，干谷高悬于近代峡谷之上，称为岩溶悬谷。当地表曲流段被地下河流袭夺裁弯取直后，可使地表留下弯曲的干谷。

8. 岩溶嶂谷。在岩溶地区，由于地壳急剧抬升，已形成的地下河迅速下切，顶部塌落，造成两壁直立的河谷，也称为岩溶箱状谷。

9. 岩溶湖。由于漏斗、落水洞淤塞聚水或与地下含水层有联系的低洼地区，后者常年有水。

10. 峰丛与峰林。高耸林立的石灰岩石峰，分散或成群出现在地平上，远望如林，称为峰林。水流沿节理、裂隙溶蚀、侵蚀，形成由无数挺拔陡峭的峰柱构成的地貌；底部相连者称峰丛，散开者为峰林。

11. 孤峰。兀立在岩溶平原上的孤立石峰。一般基岩裸露，石峰低矮，相对高度由数十米至百余米不等，如桂林的独秀峰。

12. 残丘。孤峰进一步发展，岩块不断崩解成为溶蚀残丘，又称石丘，相对高度只有十余米或数十米。

13. 岩溶丘陵。它与溶蚀洼地组合成亚热带岩溶区的主要类型。丘陵起伏不大，相对高度通常在 100~150m，坡度不如峰林陡，一般小于 45°，已不具峰林形态，以黔北、鄂西高原为典型。

14. 岩溶高原。四周被深谷陡崖所包围的岩溶高原，海拔在 500m 以上，顶面为波状起伏的峰林或岩溶丘陵。高原内有明暗相间的河流、盲谷、漏斗、封闭的溶蚀洼地、岩溶盆地等发育，地下水往往从高原边缘的陡崖下流出。以贵州中部高原为代表。

15. 钙华。碳酸盐地区，在岩溶大泉出口或部分河谷两岸，富含 Ca 离子的地下水或地表水在排出过程中，与空气中的 CO_2 混合后形成大量的钙华胶结物，覆盖在地表，或悬挂于河谷两岸。著名者如贵州马岭峡谷两岸的壮观的"牛肝马肺"。

二、岩溶个体形态

1. 石芽与溶沟

地表水沿可溶性岩石的节理裂隙流动，不断溶蚀和冲蚀形成沟槽，称为溶沟。溶沟间突起者为石芽。溶沟底部往往被红色黏土及碎石充填，宽度为 0.1~2m，深数 0.1~3m 不等。石芽高度一般为 1~2m，形态受地形、节理控制，多呈尖脊状、尖刀山状、车轨状、棋盘状、石柱状。

石芽与溶沟是岩溶发育的初级形态，一般在较平坦的纯石灰岩表面上较为典型，相反，则发育较差。石芽进一步发展则演变为石林。石林是高大石芽伴随深陡溶沟的地表岩溶组合形态。

2. 溶隙、溶缝、溶蚀空缝

地表水沿可溶岩的节理裂隙进行垂直运动，不断对裂隙四壁进行溶蚀和冲蚀，从而不断扩大成数厘米至 1~2m 宽的岩溶裂隙。宽度为 1~2m 的溶隙，称为溶缝。按其是否充填还可分为充填、半充填或无充填三类，其中无充填的溶缝，习惯上称溶蚀空缝。

3. 落水洞

落水洞是地表水流入地下河（暗河）的主要通道，是地壳反响或相对快速时期的产物。它是地表水携带岩屑等对溶隙磨蚀，不断扩大顶板发生崩塌进而形成落水洞，通常分布于洼地和岩溶沟谷底部，也有分布在斜坡上。其形态不一，多为圆形或近圆形，直径 10m 以内，深度 100 余米。如乌江思林水电站右岸地下厂房地表发育的 K29 号落水洞。洞口高程 500.00m，直径 5~6m，可见深约 7m，地下厂房开挖揭示已延伸至主变洞顶，垂直深 100m。

4. 天坑

由于地壳上升和河流下切的影响，落水洞进一步扩宽、加深，向下发育而成。如著名的广西乐业县大石围天坑，长 600m，宽 420m，深 613m；又如贵州水城县（花戛乡）"仰天麻窝"天坑，长 660m，宽 500m，深 251m，发育于石炭系上统马平组灰岩中。天坑通常分布在分水岭地带。

5. 漏斗

为漏斗形或碟状的封闭洼地，底部直径在 100m 以内。底部常套有落水洞直通地下，起消水作用。它是形状特殊的小型溶蚀洼地。

6. 岩溶洼地

岩溶洼地又称溶蚀洼地，是岩溶区一种常见的封闭状负地形。一般来说，岩溶洼地较平坦，覆盖着松散沉积物，可利于耕种。洼地可以由漏斗扩大而成，而几个洼地又可进一步扩大合并成为合成洼地，保留底部不规则的形态。岩溶洼地底部除了有落水洞外，也可有小河小溪，它们是周边泉水汇集而成，可在一端没于落水洞中。洼地常沿构造带发育为串珠状的圆洼地，以后合并成长条状的合成洼地。岩溶盆地则是超大型的溶蚀洼地。

7. 岩洞

岩洞主要是由地表水冲蚀成的近似水平的洞穴，宽度大于高度 3~5 倍，深度不超过 10m，通常分布在河谷两侧。岩洞洞顶常有钟乳石等沉积物。岩洞连通性差，沉积物为外源（河流）的砂卵砾石等。

8. 岩溶天窗

岩溶天窗为地下河顶板的塌陷部分。开始塌陷时，范围不大，称为岩溶天窗。通过岩溶天窗可见地下河或溶洞大厅。

9. 天生桥

天生桥又称天然桥。暗河的顶板崩塌后留下的部分顶板，两端与地面连接而中间悬空的桥状地形，称为天生桥。天生桥下暗河通过的部分称为穿洞。

三、地下岩溶形态

1. 溶洞

地下水沿着可溶岩的层面、节理或裂隙、落水洞和竖井下渗的水，在地下水饱气带内沿着各种构造不断向下流动，同时扩大空间，形成大小不一、形态各样的洞穴。最初形成的溶洞，规模较小，连通性差，洞内充填物多为石灰岩溶蚀后残留的红色或黄色黏土夹崩塌的碎块石（内源）。随着岩溶作用不断进行，很多溶洞逐渐连通，很多小溶洞就合并成大的溶洞系统。这时静水压力就可以在较大范围内起作用，形成一个统一的地下水面。位于地下水面附近的洞穴，往往形成水平溶洞，在邻近河谷处有出口。当地壳上升，河流下切，地下水面下降，洞穴脱离地下水时，就成为干溶洞。这些溶洞一般规模较大，延伸长度大于200m，甚至数千米，洞内充填物多为外源的砂卵砾石或冲积黏土等，洞内石灰华、钟乳石、石笋、石柱、石幔等洞穴沉积物种类繁多，琳琅满目，造型各异。

2. 暗河及岩溶管道水

暗河又称地下河，系地面以下的河流，在岩溶地区常发育于地下水面附近，是近于水平的洞穴系统，常年有水向邻近的地表河排泄。在贵州南部岩溶地区常见暗河发育。规模较小者称为岩溶管道水。

3. 伏流

有明确进、出口的地下暗河，即地表河流入地下后，再从地下流出地表；在地下潜行的河段称为伏流。

4. 溶孔与晶孔

溶孔与晶孔系指碳酸盐类矿物颗粒间的原生孔隙、解理等被渗流水溶蚀后，形成直径小于数厘米的小孔。晶孔则指被碳酸钙重结晶的晶簇所充填或半充填的溶孔。

5. 洞穴堆积物

洞穴堆积物分化学沉积、角砾堆积、流水堆积三类。主要的化学沉积类洞穴堆积物如下。

（1）石钟乳。由洞顶向下发展的碳酸钙沉积。当水流渗进洞穴，在洞顶成悬挂的水珠时，因蒸发散失 CO_2，便开始碳酸钙的沉积。随着水流不断渗入，碳酸钙不断向下加长、加粗成为钟乳石，它连续向下发展并与向上生长的石笋相连为石柱。

（2）石管与石枝。空心的棒状石钟乳为石管。当生长的方向发生改变时，出现了不规则的分叉和向上弯曲，分枝的称为石枝，向上弯曲的称为卷曲石。

（3）石幔。饱含碳酸钙的水流以薄膜状水流，沿着洞壁或洞顶裂缝缓慢地流出，便结晶出连续成片的沉积，晶体平行生长，不断地加宽和增长，形成布幔或帷幕状的洞壁沉积。

（4）石笋。饱和碳酸钙的水流不断地滴落到洞穴底部，迅速地铺开，蒸发溢出 CO_2 进行碳酸钙沉积，可以盘状石饼，成层地累叠起来，以饼的中心部位最厚。如果滴流连续地以适当速率落在同一地点，这种沉积逐渐向上发展，成为锥状或柱形，即成石笋。

（5）石柱。溶洞中钟乳石向下伸长，与对应的石笋相连接所形成的碳酸钙柱体。

（6）石珍珠。在洞穴底小水洼或滴水坑里形成许多小的碳酸钙球珠，其核心通常为岩屑碎片、沙或黏土粒，外面包以碳酸钙，并且有同心状构造。

（7）石灰华层。指分布于洞底，或夹在其他类型的碎屑沉积层中，具有比较坚硬的钙质层。这是地下水渗入洞内，沿着洞穴或溶隙壁成薄层水流动时的结晶沉积。角砾堆积是一种就地的崩塌堆积物，没有分选和磨损，角砾形状不规则且十分尖。其大小决定于洞壁和洞顶石灰岩层的构造、岩性及产生角砾的崩解方式。角砾直径可从几厘米到数米，甚至为 10~20m 的大岩块。常夹杂溶蚀残余的细粒黏土物质，但数量不多。流水堆积类洞穴堆积物主要源于洞外，也有产自洞穴系统内，主要为砂、砾石和细粒黏土等。

四、岩溶地貌形态组合

1. 地表岩溶形态组合

（1）峰丛—洼地或峰丛—漏斗。峰林基部相连成为无数峰丛，其间为岩溶洼地或漏斗，组成峰丛洼地或峰丛漏斗组合。

（2）峰林洼地。峰林与其间的岩溶洼地组合而成，洼地从封闭的圆洼地至合成洼地、岩溶盆地都有。

（3）孤峰残丘与岩溶平原。峰林分散，孤立在岩溶平原之上，峰林已被蚀低成为孤峰或零星的残丘，相对高度在 100m 以下。

（4）岩溶丘陵洼地。石灰岩丘陵和岩溶洼地及干谷组成的一种地形。丘陵之间为岩溶洼地和干谷所分割，沟谷及洼地的底部一般较平坦，发育着漏斗与落水洞，并大部分为松散堆积物所覆盖。

（5）岩溶垄谷—槽谷。碳酸盐地层（有时还夹有非碳酸盐地层）由于受紧密褶皱的影响，后期岩溶化作用出现分异，在槽状谷地两侧出现岩溶化垄岗的山中有槽组合。

2.地表岩溶形态与地下岩溶形态组合

（1）溶洞与地下廊道组合。溶洞与地下廊道相连通，组成复杂的洞穴系统，溶洞则为地下廊道在地表的表现，是地下通道的进出口。

（2）落水洞、竖井—地下通道组合。落水洞通过竖井把地表岩溶与地下岩溶联结起来。落水洞往往出现在溶蚀洼地底部，并且常和盲谷相沟通，在盲谷的末端可见到成群的落水洞。

（3）岩溶干谷与暗河组合。在有干谷出现的地方，常说明地下有暗河存在，这是由于原来在干谷里流动的水，为适应岩溶基准面而渗入地下，在地下发育成暗河。

3.岩溶与非岩溶地貌组合

（1）溶洞与阶地组合。溶洞在较稳定的地块中有成层分布的规律，这种溶洞是指由于地下河发育而成的岩溶廊道，即使在倾斜以至垂直的岩层组成的岩溶区中，规律也十分明显。这种溶洞层可与附近相同高度的河流阶地形成对比。由于在当地的侵蚀基面相当稳定的时候，在岩溶区发育了与地面河床相适应的地下河与地下通道，待地壳上升、河流下切时，岩溶地块中的地下河通道则上升溶洞，在非岩溶区相应地发育了阶地。若地壳间歇性上升，则可发育多层溶洞和与它相当的多级阶地。

（2）分水岭地带的风口与溶洞组合。分水岭地带的风口具有与溶洞同一高程的规律，这说明当时地面的剥蚀作用和岩溶作用，都在同一个稳定时期发育。

五、岩溶类型

按气候、发育时代、出露条件、岩性、深度、气候、河谷发育部位、水动力特征、地台区类型可划分为以下类型。

1.按气候条件分：热带型、亚热带型、温带型、高寒地区型、干旱地区型。

2.按发育时代分：古岩溶与近代岩溶。其中古岩溶指中生代及中生代以前发育的岩溶现象；近代岩溶指新生代以来发育的岩溶现象。

3.按出露条件分：裸露型、半裸露型、覆盖型、埋藏型。

4.按岩性分：碳酸盐岩溶、硫酸盐岩岩溶、氯化物岩岩溶等。前者分布最广，形成速度慢，后两者形成速度快。

5. 按深度分：浅岩溶、深岩溶。前者指垂直及水平循环带的岩溶，后者指水平循环带以下的岩溶。

6. 按气候带分：北方岩溶、南方岩溶。前者地表岩溶形态欠发育，后者地表、地下岩溶形态均较发育。

7. 按河谷发育部位分：阶地型、斜坡型、分水岭型。

8. 按水动力特征分：近河谷排泄基准面岩溶、远离河谷排泄基准面岩溶、构造带岩溶。

9. 按地台区类型分：河谷侵蚀岩溶、沿裂隙发育岩溶、构造破碎带岩溶、埋藏古岩溶。

第三章　岩溶路基勘察

　　铁路、公路、石油管线等线性工程通过岩溶发育地区，必须对岩溶洞穴的分布范围、埋藏深度、发育情况等勘察清楚，否则可能留下岩溶塌陷的地质隐患。采用物探、钻探、岩溶构造实地调查和水文条件分析等相结合的勘察技术手段，查明岩溶构造的空间分布形态以及平面分布位置，为岩溶路基的评价和处理提供科学依据，这就是岩溶路基勘察的任务和目的。本章主要阐述岩溶路基勘察原则、分阶段勘察方案、勘察方法，并对各阶段勘察方法进行综合评价。

第一节　概述

一、具体情况

　　铁路岩溶工程地质勘测的目的主要为查清：岩溶的分布及埋藏现状，如洞穴的形状、大小、延伸方向及其与铁路建筑物在空间位置上的相对关系等；岩溶岩层的完整性，如断裂破坏、节理切割、风化程度及由溶滤作用引起的岩石结构的破坏等；岩溶的充水情况及其在质与量上的动态变化；岩溶充填物的成分、稠度及力学性指标等。

　　为取得上述资料而进行的工程地质勘测是一件极其复杂而困难的工作。这一工作直到目前还没有一套令人满意的方法，而只能在一定条件下来解决。众所周知，工程地质测绘包括地貌调查、地质测量及各种试验等。地貌调查是对地面上各种岩溶形态的直接观测，并对区域岩溶地貌的发育历史进行研究，是一种很重要的岩溶调研方法。某些能直接观察到的岩溶地下形态，如较大的溶洞及暗河等，亦为其调查范围。但是发育于碳酸盐岩层中的所有岩溶洞穴属隐蔽结构，而其又不可能将所有现象全部反映到地面上来，因此单纯凭地貌调查，是难以揭露岩溶发育的具体情况的。

　　地质测量包括地区的地层岩性、地质构造及水文地质的调查研究。根据第一章的叙述可知这些因素与岩溶发育的关系极其密切，是研究岩溶的基础。勘探工作主要是指物探与钻探。物探具有成本低、工期短、效果好等优点，其中的各种方法如电法、电磁法、重力法、地震法等均能解决岩溶地区一定的工程地质问题，尤以电法及电磁法勘探收效最显著，因此已被广泛采用。尽管如此，物探总不免要受到地形及地质条件的限制，故仍须与钻探互相配合，方能收到更好的效果。

此外，岩溶水的连通试验与长期观测的研究，对论断地区岩溶发育的特征具有很重要的意义，是全面评价岩路工程地质条件所不可缺少的资料。由此可知，岩溶地区的铁路工程地质勘测是一件极其繁复的综合性工作。

二、勘察规范及要求

1.《岩土工程勘察规范》规定：岩溶勘察宜采用工程地质测绘和调查、物探、钻探等多种手段结合的方法进行，并应符合下列要求：

（1）可行性研究勘察应查明岩溶洞隙、土洞的发育条件，并对其危害程度和发展趋势作出判断，对场地的稳定性和工程建设的适宜性做出初步评价。

（2）初步勘察应查明岩溶洞隙及其伴生土洞、塌陷的分布、发育程度和发育规律，并按场地的稳定性和适宜性进行分区。

（3）详细勘察应在查明拟建工程范围及有影响地段的各种岩溶洞隙和土洞的位置、规模、埋深、岩溶堆填物性状和地下水特征，对地基基础的设计和岩溶的治理提出建议。

（4）施工勘察应针对某一地段或尚待查明的专门问题进行补充勘察。当采用大直径嵌岩桩时，尚应进行专门的桩基勘察。

2.《岩土工程勘察规范》规定：岩溶场地的工程地质测绘和调查，除应遵守本规范第八章的规定外，尚应调查下列内容：

（1）岩溶洞隙的分布、形态和发育规律；

（2）岩面起伏、形态和覆层厚度；

（3）地下水赋存条件、水位变化和运动规律；

（4）岩溶发育与地貌、构造、岩性、地下水的关系；

（5）土洞和塌陷的分布、形态和发育规律；

（6）土洞和塌陷的成因及发展趋势；

（7）当地治理岩溶、土洞和塌陷的经验。

3.《岩土工程勘察规范》规定：可行性研究和初步勘察宜采用工程地质测绘和综合物探为主，勘探点的间距不应大于本规范第四章的规定，岩溶发育地段应予以加密。测绘和物探发现的异常地段，应选择有代表性的部位布置验证性钻孔。控制性探勘孔的深度应穿过表层岩溶发育带。

《岩土工程勘察规范》规定，详细勘察的勘探工作应符合下列规定：

（1）勘探线应沿建筑物轴线布置，勘探点间距不应大于本规范第四章的规定，条件复杂时每个独立基础均应布置勘探点；

（2）勘探孔深度除应符合规定外，当基础底面下的土层厚度不符合相关的条件时，应有部分或全部勘探孔钻入基岩；

（3）当预定深度内有洞体存在，可能影响地基稳定时，应钻入洞底基岩面不少于2m，必要时应圈定洞体范围；

（4）对一柱一桩的基础，宜逐柱布置勘探孔；

（5）在土洞和塌陷发育地段，可采用静力触探、轻型动力触探、小口径钻探等手段，详细查明其分布；

（6）当需查明断层、岩组分界、洞隙和土洞形态、塌陷等情况时，应布置适当的探槽或探井；

（7）物探应根据物性条件采用有效方法，对异常点应采用钻探验证，当发现或可能存在危害工程的洞体时，应加密勘探点；

（8）凡人员可以进入的洞体，均应入洞勘察，人员不能进入的洞体，宜用井下电视等手段探测。

4.《岩土工程勘察规范》规定，施工勘察工作量应根据岩溶地基设计和施工要求布置。在土洞、塌陷地段，可在已开挖的基槽内布置触探或钎探。对于重要或荷载较大的工程，可在槽底采用小口径钻探，进行检测。对于大直径嵌岩桩，勘探点应逐桩布置，勘探深度应不小于底面以下桩径的3倍并不小于5m，当相邻桩底的基岩面起伏较大时应适当加深。

《岩土工程勘察规范》规定，岩溶发育地区的下列部位宜查明土洞和土洞群的位置：

（1）层较薄、土中裂隙及其下岩体洞隙发育部位；

（2）岩面张开裂隙发育，石芽或外露的岩体与土体交接部位；

（3）两组构造裂隙交会处和宽大裂隙带；

（4）隐伏溶沟、溶槽、漏斗等，其上有软弱土分布的负岩面地段；

（5）地下水强烈活动于岩土交界面的地段和大幅度人工降水地段；

（6）低洼地段和地表水体旁。

5.《岩土工程勘察规范》规定，岩溶勘察的测试和观测宜符合下列要求：

（1）当追索隐伏洞隙的联系时，可进行连通试验；

（2）评价洞隙稳定性时，可采取洞体顶板岩样和充填物土样作物理力学性质试验，必要时可进行现场顶板岩体的载荷试验；

（3）当需查明土的性状与土洞形成的关系时，可进行湿化、胀缩、可溶性和剪切试验；

（4）当需查明地下水动力条件、潜蚀作用，地表水与地下水联系，预测土洞和塌陷的发生、发展时，可进行流速、流向测定和水位、水质的长期观测。

第二节　勘察阶段与勘察内容

铁道工程勘察通常按三阶段进行，岩溶地质勘察每一阶段的勘察工作内容和完成要求各不相同，要逐步深化、细化。

一、初测

初测阶段岩溶地质调绘，一是要查明勘察范围内岩溶的分布范围、发育程度和地层组合类型；二是对控制和影响线路方案的岩溶地段进行重点地质调绘。

初测阶段岩溶勘探应对岩溶发育地段路基沿线路纵向进行综合物探，对代表性事物探异常点进行钻孔验证。一般地区勘探孔间距不宜大于200m，孔深应至路基底下10~15m。覆盖型岩溶地段应适当增加钻孔数量和钻孔深度，必要时孔深应钻穿土层。

初测阶段岩溶测试应取地表、地下水样与代表性岩土样进行试验。与线路有关的暗河大型溶洞、岩溶泉，宜进行连通试验。

初测阶段岩溶资料编制应包括：1.工程地质说明，应阐明岩溶勘察的过程和结果，工程设计所需参数，需要采取的防治措施；2.岩溶工程地质图（必要时作），应标明单个岩溶形态，特别是大型溶洞和暗河的投影位置，进行岩溶发育强度分区；3.大型岩溶洞穴、暗河实测或调查成果图，应填绘建筑物测点位置、测图导线、断面位置，溶洞平、断面投影形态，溶洞充填情况及充填物性质，围岩裂隙产状及充填情况，地下水情况，说明观测图情况和对溶洞的认识和分析；4.勘探测试资料、观测点、地质照片，调查、分析表等资料。

二、定测

定测阶段岩溶地质调绘应实测线路附近的暗河、溶洞、竖井、落水洞、洼地塌陷坑、漏斗的位置和形态，并包括：①洞穴的顶板节理、裂隙分布及充填、胶结程度、岩层产状，单层厚度，洞顶、洞底、洞壁完整程度；②洞穴的形态尺寸，建筑物跨越洞穴的位置、宽度，洞顶板至建筑物基底间的岩层厚度；③洞内沉积物、水痕、积水、水流情况。

1.定测阶段岩溶勘探与测试：

（1）对站场、房屋建筑物应先开展综合物探圈确定异常范围，再采用钎探、挖探、钻探验证物探异常，查明基底岩溶洞穴和土洞；

（2）对路基工点应先开展综合物探圈确定异常范围，再采用钻探验证物探异常，查明基底岩溶洞穴和土洞；

（3）分层、分区取地表和地下水、土、岩样进行分析。

2.定测阶段岩溶资料编制应包括：

（1）工程地质说明：阐明岩溶勘察的过程，岩溶的分布规律，岩溶的形态特征、规模和类型，对线路的影响程度，工程设计所需参数，需要采取的防治措施、建议；

（2）岩溶地区综合工程地质图（必要时绘制）：可将岩溶地貌图及岩溶水文地质图的内容绘入；

（3）工程地质图（必要时绘制）：应标明单个岩溶形态，特别是大型溶洞和暗河的投影位置，岩溶井、泉位置、流量，地下水流动方向；

（4）工程地质纵断面图（必要时绘制）；

（5）工程地质横断面图；

（6）溶洞穴、暗河实测或调查成果图：应填绘测点位置、测图导线、断面位置，溶洞平、断面投影形态，溶洞充填情况及充填物性质，围岩裂隙产状及充填情况，地下水情况，说明测图情况和对溶洞的认识和分析；

（7）勘探、测试资料，观测点、地质照片，调查、分析表等资料。

三、施工阶段勘察

施工阶段岩溶地区工程地质勘察包括：

1.核对岩溶工点的工程地质资料；

2.针对施工中发生的岩溶工程地质问题，应提出工程措施意见和施工注意事项；

3.岩溶发育路堑地段，宜在路堑成型后，在路基面上进行物探，辅以钻探验证，查明隐伏岩溶的形态和空间分布；

4.必要时采用物探或钎探、风枪钻等简易勘探对隧道基底岩溶发育情况进行普查和钻探验证；

5.覆盖型岩溶可能产生地面塌陷地段，应根据施工揭露及钻探情况，分析可能塌陷的范围、程度，提出调整工程的措施、建议。

施工阶段岩溶勘察资料编制应包括：

1.工程地质说明：应阐明岩溶工程地质条件，施工经过，勘察目的、要求、过程，完成工作量，验证效果及勘察成果；

2.隐伏岩溶工程地质平、纵断面图：应标明隐伏岩溶的位置、埋藏深度、类型和验证钻孔；

3.代表性溶洞断面图：应标明经钻孔验证并修改后的溶洞和其他岩溶范围。

四、运营阶段

运营阶段岩溶地区的工程地质勘察，应包括：1.覆盖型岩溶可能产生地面塌陷地段，应进行地面塌陷监测预报；2.运营中发生的岩溶地面塌陷工点，应调查地面塌陷成因、范围、危害程度，提出工程整治措施、建议，必要时应进行物探、钻探验证等综合地质勘察工作，为设计提供地质资料；3.路基、站场等工程因岩溶而诱发的工程地质问题应查明原因，提出处理措施、意见。

运营阶段岩溶工点的资料编制，应有工程地质说明，即说明岩溶工点的工程地质条件，并结合工程建筑的特点，提出工程处理措施、意见。

第三节　勘察方法

岩溶地区的地质条件相当复杂，选用勘探方法时应注意其适用条件，且采用多种勘探手段互相补充、相互验证，以提高勘探效果。

岩溶勘察技术方法主要分为三类：工程地质测绘（包括长期精密的形变观察）；工程物探；工程钻探（坑探）和岩土物理力学性质测试及它们的合理组合。

在这三种方法中，测绘工作非常重要，没有地质资料的指导会陷入盲目性。物探是一种技术手段，虽然不能代替钻探，但它反映的异常区即是判定空洞区的依据，在覆盖较厚或情况不明的地区。钻探成本太高，不可能以极密的网度来查明复杂的空洞的分布特征。这种情况下，物探方法在空洞勘察中具有极其重要的意义。在地质调查确定了空洞的大概位置后，空洞的准确位置、埋深要借助于物探的探测结果给出。由于物探在实际工作中取得了良好的效果，且成本低廉，故它是空洞勘察技术的关键。钻探是为了对物探异常进行验证和控制，同时也为了提取深部岩石样品，进行室内试验，提供岩土物理力学性质，为路基稳定性评价和空洞危险性分析提供参数。

一、地质调绘

工程地质及水文地质调查测绘是工程地质勘察的基础，借助既有区域地质资料，开展不同比例地质调绘工作，确定地形地貌、地层岩性、地质构造、地下水的补给—径流—排泄关系以及不良地质的分布、规模等，并指导钻探、物探及测试试验工作。

研究沿线的地质构造、地层岩性、水文地质特征，不良地质形态、规模，特殊岩土分布范围等自然特征与工程地质调绘相结合。结合地形特点，特别注意对微地貌的划分，区分不同地貌单元的地层性质。对重要的、代表性强的地质观测点进行素描或拍照，做好沿线工程地质调查记录，为有针对性地开展勘探、测试工作做准备。

地质测绘包括区域地层岩性、构造水文地质调绘，区域岩溶发育规律的调查研究，岩溶泉点、溶洞、暗河调绘，岩溶水的补给、径流、排泄的调绘等。借助航片、卫片的判释结果可以使这些工具更具目的性，效率更高。地质测绘利用常规地质理论和作图法，将地层岩性、地质构造、结构面产状、地下水出露点位置及出水状态、出水量、溶洞等准确记录下来并绘制成图表，是一种传统的、最实用和不可缺少的方法，作为整个施工地质系统的中枢，具有综合和指导其他工作方法的作用。

新建铁路岩溶路基地质调查测绘应注意以下内容：

1.认真做好野外地质调查测绘工作，在勘察过程中，始终将地质调查工作作为重点和先导。工程地质野外记录簿是勘察中的第一手资料，调查人员应按规定格式内容认真记录，要做到内容齐全、图文并茂、字迹清楚、工整，重要的、代表性强的观测点应用素描图或照片补充文字说明。结合工程设置采用远观近察、由面到点、点面结合的方法进行。特别注意对微地貌的划分，区分人工堆积层、新近沉积层等。对重要的、代表性强的地质观测点进行素描或拍照，做好沿线工程地质调查记录，为有针对性地开展勘探、测试工作做准备。

2.地质调绘应沿线位进行，地质点均应以线路里程确定，重要的地质点和地质界线应采用仪器测定。调绘宽度一般应与线路带状地形图一致，地质复杂地段适当加宽。地质调绘应沿线位进行，文字记录和地质点位置均应以线路里程确定，重要的地质点和地质界线应采用仪器测定。调绘宽度一般应与线路带状地形图一致，地质复杂地段适当加宽。

3.特别注意对微地貌的划分，包括古河道坑、塘、沟的位置、分布等，有坑塘淤泥深度、分布以及回填情况。对重要的、代表性强的地质点进行素描或拍照，做好沿线工程地质调查记录，为有针对性地开展勘探、测试工作做准备。调查应按有关规范、暂规、细则规定的内容，结合工程设置采用远观近察、由面到点、点面结合的方法进行。除重点调查各种地质现象外，还应注意搜集沿线附近各类既有工程的勘察成果、地基处理措施与效果、主要经验与教训，研究其对新建铁路工程的借鉴意义。

4. 详细调查沿线地层岩性、地质构造、水文地质及工程地质情况。在山区调查过程中要重点查明岩层产状、节理产状、节理间距和充填物，有无软弱夹层顺层，调查岩石的风化破碎情况、山坡的边坡及其稳定情况和地下水的发育情况等。调查收集沿线与区域性地面沉降有关的资料，如地下水主要开采层，地下水开采历史，日出水量及地面变形情况等。

5. 线路所经城镇附近及既有道路、坝堤等处，应在调查访问的基础上，结合适量勘探，查明人工填筑层的类型、成分、性质及其厚度和分布等情况。

6. 调查收集沿线与区域性地面沉降和地面塌陷有关的资料，如地下水主要开采层、开采历史、日出水量及地面变形情况等。

7. 注意对线路附近地下水和地表水污染源的调查、访问。调查中，要详细调查沿线地层岩性、地质构造、水文地质及工程地质情况。在山区调查过程中重点要查明岩层产状、节理产状、节理间距和充填物，有无软弱夹层、顺层，调查岩石的风化破碎情况、山坡形态有工程的边坡及稳定情况和地下水的发育情况等。参考相邻线和公路边坡情况确定路堑的边坡坡率。

8. 除调查本线各种地质现象外，还应注意搜集沿线附近其他工程的勘察成果、基础形式、地基处理措施与效果、主要经验与教训，研究其对新建铁路工程的借鉴意义。

9. 与相关专业密切配合，加强对土源、砂石料场地的调绘。

二、地球物理勘探

物探方法多种多样，用于岩溶地区勘探效果较好的主要有电阻率法、充电法、地震法、综合测井法、孔内无线电波声波透视法等。

岩溶探测实践表明，工程物探对探测岩溶的作用越来越大，我国采用常规的电法勘探方法调查勘探岩溶洞穴、裂隙、暗河以及寻找岩溶裂隙水等，取得了一定的成效，解决了一些在修建铁路中遇到的岩溶地质问题。由于物探具有测区广、费用少、时间短等优点，因此，在铁路工程地质勘测工作中，物探方法已成为一种不可缺少的勘探手段。

近年来随着应用地球物理学的发展，在解决岩溶问题的方法上，又出现了大地音频电位法、地面甚低频电磁法、激发极化法及孔内无线电波透视法等探测岩溶洞穴，这些都是寻找地下暗河的一些新方法。有些已投入实际工作，有些正在进行试验。这些方法在实际应用中都取得了较好的地质效果，并克服了常规电法勘探中信息被干扰、不易辨认、地形影响等问题，以及工作繁重、仪器笨重等一些缺点。也开拓了电磁场的一次场、二次场等多种信息的利用，使物探方法向前迈进了一步。电磁方法可大致圈定出岩溶等地下空洞的特征和分布范围，它具有快速简便、成本较低的特点，但缺点是受地表覆盖物的影响较大。地质雷达、瞬变电磁场法和井中无线电透视（也称井中电法）作为电磁法中的几种新的探测技术，近年来在地下空洞调查中取得了较好的效果。

所以对岩溶路基应在工程地质调绘的基础上，采用综合物探（高密度电法、地质雷达、地震 CT 法、孔内无线电波或声波透视综合测井法等）对影响路基稳定的范围进行勘察，一般沿线路纵向布置三条物探测线（间距一般为 20m），站场范围内岩溶路基应根据站场宽度增加测线，复杂地形路堑范围的测试也可在施工开挖后进行。在物探异常区以纵向 50~100m 间距进行物探横剖面测试，据岩溶发育情况采用适当数量的钻孔验证，一般每公里验证孔按 5~10 孔考虑。

为了集中讨论岩溶物探，本节将根据过去的工作实践，结合实例着重介绍在岩溶探测中效果较好的高密度电法、地质雷达法等。对使用尚不普遍或效果稍差的地震勘探法、重力勘探法等物探方法，仅做一般介绍。在岩溶勘探中，要想取得满意的效果，除应注意各种物探方法的运用条件外，还必须特别强调岩溶地质工作中各种物探方法的综合运用。

1. 高密度电法

常规物探方法中，应用于解决岩溶问题的主要方法是电阻率法。它是利用电阻率作为参数，以点源电场作为理论基础的。由于布置电极工作方法的不同，可分为电测深法和电剖面法。

电测深法是以层状介质作为研究对象的，可以测定覆盖层下岩溶化地层的起伏、岩溶化底界的深度，以及测定岩溶化程度和发育的主导方向；电剖面法是以倾斜或直立的地层或地质体作为研究对象的，它可以固定岩溶化带和构造破碎带的分布位置和范围，划分和追索陡立岩层接触面，寻找陡立良导性构造带和岩溶带。

高密度电阻率法与常规电阻率法没有本质的区别，高密度电阻率法相对于常规电阻率法而言有以下特点：

（1）快速高效。电极一次性布设完后，无须人工跑极，可快速测量。

（2）数据量十分丰富。高密度电阻率法点距小，且同一个测点数据采集的密度高，所以无论横向或纵向其信息量均比常规电阻率法要大很多。因而能更全面地反映真实的地质情况。

（3）能进行多种电极排列方式的扫描测量。然而高密度电阻率法有一个明显的缺点，那就是对场地的要求较高，要求工作区地形相对较平坦。

高密度电法数据采集技术的改进使数据采集更迅速，可增大剖面覆盖面积，在强干扰的环境下，以高信噪比探测物体。它不仅可以有效地探测空洞、圈定空洞的空间位置，而且能探测充泥洞穴和充水空洞。

某铁路路基工点的剖面视电阻率等值线图中使用装置为温纳装置，点距 10 m，数据处理采用瑞典的 RES2DINV 反演软件，反演参数由试验剖面结合钻孔资料确定。整条剖面灰岩的背景值大于 1000·m，由上到下地层比较单一，可以用简单的 G 形曲线来表达；在剖面 145850~145950 段，埋深 50m 以内，存在一低阻异常区，异常区视电阻率与围岩形成明显差异，其视电阻率值小于 $1000\Omega \cdot m$，且低阻异常形态较为复杂，推断该异常区为岩溶发育区，由于其视电阻率很低，分析其以水或泥沙等低阻介质填充。

在剖面 146050~146150 段，埋深 100m 内，存在一个较大的低阻异常区，该异常区电阻率值呈均匀渐变过程，异常区形态较为简单，呈闭合圈状，且异常向小里程方向延伸，延伸范围较大，由此可以推断 146050~146150 段的大范围低阻异常主要由此异常区中心的特低阻异常和低阻延伸方向的次低阻异常共同引起的，异常中心的特低阻应该为一较大规模溶洞引起，溶洞中心位置在 146130 处，埋深 40m，由于其视电阻率很低，分析其以水或泥沙等低阻介质填充；异常延伸方向应该为一些较小规模的填充溶洞。

钻孔结果表明：（1）145850~145950 段低阻异常存在 3 层溶洞，泥沙全填充；（2）146130 处溶洞经钻孔验证高达 9.4m，泥沙全填充；（3）146100 处钻孔显示存在两层溶洞，深度分别在 22.4m 和 29.9m 处，溶洞规模分别为 4.4m 和 1.0 m，泥沙全填充。

2. 地质雷达

美国、欧洲的一些国家已将地质雷达作为空洞探测中一种必备的常规手段。该方法具有很高的分辨能力，适合于低导覆盖的地区，可比较准确地确定出地下空洞的埋藏深度、轮廓大小，其探测深度较浅，一般为 10m 左右，在干燥的石英砂土覆盖区可达 30 m。

地质雷达方法是利用高频电磁波，以脉冲形式通过发射天线定向地送入地下，雷达波在地下介质传播过程中，当遇到存在电性差异的地下目标体（如空洞或其他不连续界面）时，电磁波便发生反射，返回到地面时由接收天线所接收。在对接收天线接收到的雷达波进行处理和分析的基础上，根据接收到的雷达波波形强度、双程走时等参数便可推断地下目标体的空间位置、结构、电性及几何形态，从而达到对地下隐蔽目标物的探测。探测的基本原理与浅层地震相同，不同的是地质雷达向地下发送的是高频电磁波，它的物理前提是地下介质之间介电常数和电导率的差异。地质雷达从问世至今在地基岩面探测、岩溶地面沉陷、地下洞穴的工程地质调查中得到了广泛的应用。

武汉—广州高速铁路乌龙泉—花都段在勘察时发现路基下隐伏一定数量的溶沟、溶槽和溶洞，为保证武广高铁无砟轨道"零"沉降的铺设要求，设计采用对隐伏型岩溶进行注浆加固，为保证注浆加固质量，采用了多种物探手段，其中包括采用瑞典产的 RAMAC/GPR 地质雷达以判定其加固效果，在 DK1298+365~DK1298+540 段加固检测中得到具体应用。

工作区原始地貌为垄岗及谷地，垄岗低缓，自然坡度 10，相对高差为 5~10m，作业时已整平。地层岩性：（1）粉质黏土，棕红色，硬塑，I级。（2）黏土，褐黄色、棕红色，软塑，II级。（3）泥质粉砂岩、含砾砂岩、砂砾岩互层，钙质胶结，棕红色，全风化，II级。（4）泥质粉砂岩、含砾砂岩、砂砾岩互层，钙质胶结，棕红色，强风化，IV级。（5）泥质粉砂岩、含砾砂岩、砂砾岩互层，钙质胶结，棕红色，弱风化，IV级。水文地质条件：地下水不发育，主要为少量孔隙潜水及毛细水，补给来源于大气降水。探测采用 50 MHz 不屏蔽天线。检测参数为：采样频率 499 MHz，采样长度 961 ns，道间距 1m，天线间距 2m，键盘触发。对雷达数据进行滤波增益等处理后，使深部信息更清晰，便于分析异常特征，同时与高密电法比较并结合前期注浆施工资料即可进行判释。地质雷达影像上同相轴连续、绕射、反射弧等现象轻微，可判断有效探测深度内注浆质量良好。反之，根据影像特征判定缺陷类型和位置。

根据高密度电法反演及地质雷达图像，结合前期注浆施工资料，工作区岩层浆液充填良好，无大的缺陷体存在。

3. 地震法

地震勘探是利用人工爆炸（或锤击）所激发的弹性波在岩层内的传播速度特征来解决地质问题的一种方法。水文地质和工程地质勘测中，一般探测深度要求不大，因而主要采用地震勘探中的初至折射波法。在岩溶地区，主要是测定岩溶化地层的上、下界面的埋深和形状，以及了解在岩溶化地层中岩溶裂隙发育地段，对于岩溶化地层中存在的充水溶洞或空溶洞，由于其体积小和不连续性因而不能形成一个地震层位，在地震记录上还没有明显的反应。

弹性波 CT 方法又称地震波层析成像技术。这种技术利用大量的地震波速度信息进行专门的反演计算，得到测区内岩土体弹性波速度的分布规律。利用这种方法探测岩溶的分布形态及连通性与常规地震法比较，具有分辨率高、效率高、空间位置准确、操作简单等优点，更克服了工程钻探的不足。在勘察区域布置一定数量的弹性波 CT 剖面，可查明基岩面的埋深、起伏形态、溶洞分布形态及溶蚀裂隙发育范围。在岩溶发育地区兴建的大中型重要建筑的设计、施工阶段，采用常规工程钻探、地面物探与弹性波 CT

成像相结合的勘察方法，可避免重复勘察，消除工程安全隐患，从而降低整个工程造价。弹性波 CT 成像技术在工程地质勘察中具有广阔的应用前景。

兖石线临沂站区用地震勘探寻找断层和岩溶化底界面获得了较好的结果。

4. 井间地震层析成像法

岩溶经常发育在可溶性的纯灰岩地层或断层破碎带、岩溶与围岩之间，一般存在着明显的波速差异。基于波速差异，可以利用井间地震层析成像技术进行两孔之间的岩溶探测，地震层析成像技术，以其分辨率高的特点而主要应用于精细构造和目标的探测，自 20 世纪 90 年代以来，井间地震层析成像技术逐步进入实用化阶段。

井间地震层析成像是在两个钻孔间采用一发多收的扇形观测系统，组成密集交叉的射线网络后经过反演得到两孔之间的弹性波速度分布图像：坚硬完整的地层波速较高，而节理裂隙、溶蚀洞穴发育处，会出现波速异常，波速呈现相对低速，从而可以确定岩溶的分布情况。反演采用 SIRT 算法也称联合迭代重建法。

在京沪线某段进行井间地震层析成像岩溶勘察试验，发射钻孔为 ZK03，接收钻孔为 ZK09，孔深 50m，孔间距 35m。为检验井间地震层析成像在岩溶探测中的效果，在 ZK03 与 ZK09 之间布置两个检验钻孔 ZK05、ZK07，孔深为 50m。本工区水位深度 16.8m。

井间地震层析成像试验震源采用德国生产的 SWG1005 电脉冲电火花震源（能量 1kJ），工作频率在 500Hz 以上，检波器采用德国产 AQ-2000 型水中地震检波器串接收，记录仪选用 NZ-24 地震仪，采样周期为 0.02ms；测试段为地下 10m~50m，激发点间距 1.0m，接收点间距 1.0m。对每个接收点，激发孔中自下而上逐点激发；声波测井采用 PSJ-2 型数字测井仪。在剖面为 ZK03 发射 ZK09 接收的井间地震层析图像中，两侧曲线为 ZK03 和 ZK09 的声波测井曲线。从图中可以看到：ZK03 位置地下 19~21m 声速与地震波速均表现为高速，地下 34~42m 均表现为低速，地震纵波速度 3000m/s 以下；ZK09 位置地下 23~33m 声速与地震纵波速度均表现为高速，该高速层从左到右一直贯通，应为同一地层，在地下 37~44m 均表现为低波速。

层析成像剖面及声波测井曲线揭示，ZK05 位置地下 37~42m 为低速反映，推断为溶洞，揭示 ZK07 位置地下 37~43m 为低速反映，推断为溶洞，经钻孔验证为溶洞，从而说明本次层析成像与声波测井综合分析结果是正确的。

5. 微重力勘探法

重力勘探法是通过测定由于岩石密度差异而引起重力场的变化，研究地质构造问题的一种物探方法。微重力测量是物探重力测量的延伸。20 世纪 70 年代末，美国就把微重力测量用于寻找油田并取得了成功。其后苏联和印度尼西亚等国家也应用这一技术寻找油田、地热及研究地球动力学等问题。近年来，微重力测量广泛应用于溶洞、地下空洞的调查，尤其是岩溶区的调查。大量测量结果表明：微重力勘探效果较好，国外已有部门将微重力勘探定为岩溶发育区普查、详查的重要方法之一。1988 年，国家地震局地震研究所和兰州铁路局合作，有效地查明了青藏铁路察尔汗盐湖区的地下溶洞；陕西省地震局在探测西安市地下隐伏地裂缝的工作中，微重力测量也发挥了较好的作用；中科院测地所在贵州运用微重力法探测过溶洞；国家地震局地球物理所还承担了微重力测量在探测墓道方面的研究课题。

三、钻探

岩溶发育与岩性、构造、地貌等有密切的联系，各种地貌区内岩溶发育的规模及其特征又不尽相同。在岩溶化平原地区，由于地形相对高差小，侵蚀基准面位置高，地表水及浅层岩溶水丰富，因而浅层岩溶（如溶洞、溶隙）多呈网状发育，其特点是面广、量多、规模小，且多为松散土充填。由于地表普遍为第四纪地层覆盖，隐伏岩溶极不易发现，路基基底钻探就显得特别重要。

1. 钻孔的综合利用

各种不同工程的钻探，虽有各自的目的，但绝不能忽视钻孔的综合利用问题，以达到用最少的钻孔收到更多的效果。这就要求施钻前对每一钻孔都要有周密的考虑，必要时还应做出钻孔设计图。某些钻孔既要满足工程地质及水文地质的需要，又要满足其他物探方法（如电测井、充电法、无线电波透视法）及长期观测等的需要。某些物探工作又要求钻孔具有一定的结构，如充电法要求孔内地下水面以下最好不设套管，否则必须设带孔的过滤管；井下电视摄影，对钻孔直径、孔壁防护、钻进方法等都有不同的要求。

在钻进过程中，还应根据已完成的钻探资料及物探成果，校正原有的钻孔设计，使尚未开工的钻孔，收到更好的效果。

2. "先探后灌、灌探结合"

钻孔的综合利用同时可以体现在岩溶处理过程中，采用先导勘探法，依据"先探后灌、灌探结合"的原则，先进行物探及部分钻孔作为先导勘察孔，探明岩溶发育、分布情况，再进行相应处理。

如在京广线 DK673+700~DK674+500 段，先导孔钻注浆液施工，共完成先导孔钻孔 451 孔 /5318.95 延米，平均孔深 11.79 m。其中，钻孔揭露地层灰岩夹泥灰岩地段 289 孔，钙质页岩夹薄层灰岩地段 162 孔。通过该段岩溶路基先导孔钻孔注浆的施工表明：

DK673+700~DK674+500 段岩溶注浆施工技术到位，"探灌结合"施工结果揭示的工程地质情况与设计相符，相应的基本参数与先导孔施工中得出的指标基本一致，可以为后续岩溶注浆施工提供设计依据。

同样在宁安铁路一标 DK160~DK174 和 DK187~DK192 段进行岩溶补充勘察时，也成功地应用了"先探后灌、灌探结合"的原则，先导钻探孔占注浆孔的比例为20%，可供其他钻探或注浆工程参考。

3. 钻进中的观测工作

（1）简易水文地质观测

钻进中对孔内水位、水压及冲洗液消耗等进行观测，并绘制这些观测资料与钻孔深度之间的关系曲线，借以分析岩层的裂隙分布情况及含水层的部位等；可用回次水位和水位变化速度表征（回次水位是指用冲洗液钻进时，每次提钻后与下钻前的水位）。当钻孔未到达岩溶含水层时，则上下钻时的水位变化很小，水位曲线基本重合。揭露含水层后，上下钻的水位变化大，曲线则偏离。把上下钻相隔的时间所测的水位差，换算成速度并绘制水位变化曲线。含水层的水头压力与对应的孔内液校压力的差值越大，水位变化速度也就越大。钻孔水位上升时速度值为正，下降时为负。图上也可根据水温变化的观测资料，绘制水温变化与钻孔深度的关系曲线，有利于对应分析。

（2）岩溶率的观测

岩溶率是衡量一个地区岩溶化程度的重要指标，也是水文地质参数计算中不可少的数据之一。通常用直线法来测定某一地段的岩溶率。其方法是顺着钻进方向排列的岩芯上，自上而下逐段选择代表岩溶发育强度的三条直线，逐一量出每条直线上的溶隙、溶孔的长度 d，同时测出相应的岩芯长度 l，则岩溶率 K 可用下式求得：

$$K=\frac{\sum d}{3l}\times100\%$$

当钻进中遇到空洞或岩溶充填物时，则岩溶率即为100%。

此外，还可根据岩芯柱的溶隙表面积（或体积）与岩芯的表面积（或总体积）之比来求。

第四节　勘察方法综合评价

工程地质测绘、工程物探和钻探三种方法各有优势和弊端，国内外经验也表明单一勘探方法、单一物探手段难以达到勘察目的。只有地质、物探和钻探三者恰当地结合起来，才能经济有效地进行岩溶空洞勘察工作。

一、工程地质测绘

工程地质测绘是指与工程有关的各种地质现象的调查测量工作。通过它可以了解工作区的地质环境，发现与工程建筑有关的地质问题，为进一步调查、勘探及试验等专门研究提供条件。工程地质测绘工作一般分三个阶段进行：准备工作、野外测绘及内业整理。

（一）准备工作

1.搜集测绘区有关的地形地质地貌、航片、卫片及气象等资料。

2.按勘察阶段、工程特性及地形地质复杂程度等确定测绘范围和比例尺。

3.察勘现场后编制测绘大纲。

（二）野外测绘

1.测绘工作方法

根据测区的地质、地形及交通条件布置测线和观测点，选择典型剖面编制地层或岩层柱状图，按测绘比例尺确定地层划分单位。水电工程地质测绘的比例尺分大、中、小类 1:500~1:50000、1:10000~1:50000、小于 1:50000。一般比例尺小于 1:5000 地质图多用已有资料或遥感地质资料结合现场重点校核、补充编制而成。测绘用的地形底图等于或大于地质图的比例尺，并以选用近期航片绘制的为好。比例尺大于 1:5000 的测绘，地质点用仪器测定。在测绘过程中随时整理记录和草图。

2.测绘工作内容

测绘工作内容主要有：地层岩性包括岩石种类、地质年代、岩石和岩层的形成顺序、分布、厚度，组成物性质、结构及其变化规律。注意其中的软岩、可溶岩及其夹层，如火山岩喷发间歇风化层，蚀变带，滑石、石墨及绿泥石片岩，以及第四纪岩层中的软土、膨胀土、湿陷性黄土、粉细砂、架空的砂砾石层等的分布。地质构造包括褶皱的形态及分布，断层的规模、分布、产状、断距、错动痕迹及第四纪活动迹象；不同岩性和构造部位裂隙发育程度及规律。地貌包括：河谷断面、岸坡、阶地、冲沟、洼地、河间地块及分水岭等。物理地质现象包括喀斯特、滑坡、崩塌、泥石流、风化卸荷等的分布、规模、成因和发展趋势。水文地质包括井泉等地下水露头的分布、补给条件，水位、水质、水温、水量及其随季节的变化规律等。

（三）内业整理

1. 清理标本、地质相片及底片，填写标签和说明后配套保存。

2. 整理地质点卡片和素描图。

3. 编制各种汇总表。

4. 绘制地质平面及剖面图。

5. 按拟定的提纲编写测绘说明或报告。

二、工程地球物理勘探

解决土木工程勘察中工程地质、水文地质问题的一种物理勘探方法，简称工程物探。它是以研究地下物理场（如重力场、电场等）为基础的。不同的地质体在物理性质上的差异，直接影响地下物理场的分布规律。通过观测、分析和研究这些物理场，并结合有关地质资料，可判断与工程勘察有关的地质构造问题。

1. 电法勘探

通过对人工或天然电场（或电磁场）的研究，获得岩石不同电学特性的资料，以判断有关水文地质及工程地质问题。最常用的是直流电法勘探，主要研究岩石的电阻率和电化学活动性，可分为电阻率法、自然电场法和激发极化法等。

2. 电阻率法

自然界中各种岩石的导电性能不同。一般情况下，岩浆岩、变质岩和沉积岩中的致密灰岩的电阻率都很高，超过 10 欧姆·米，只有当它受风化，构造破碎时，由于含泥量增多，水分增加时，其电阻率值才降到 102 欧姆·米级或更小。含泥质沉积物或含高矿化度地下水的砂砾石层，其电阻率较低（10~102）欧姆米级。电阻率法常用于探测风化壳的厚度、覆盖层下新鲜基岩面的起伏、盆地结构形态、储水构造，追索古河道，圈定岩溶发育带，确定断层位置等。自然电场法，当地下水在孔隙地层中流动时，毛细孔壁产生选择性吸附负离子的作用，使正离子相对向水流下游移动，形成过滤电位。因此做面积性的自然电位测量，可判断潜水的流向。在水库的漏水地段可出现自然电位的负异常，而在隐伏上升泉处则可获得自然电位的正异常。

3. 充电法

充电法是在井孔的含水层段注入盐水，并对其充电形成随地下水流动而运移的带电盐水体。在地表观测到的等电位线形状与带电盐水体的分布形态有关。根据不同时间观测的等电位线可以判断地下水的流向并估算其实际流速。充电法还可以用作岩溶区地下暗河的连通性试验或探查地下埋设的金属管道等。

4. 激发极化法

实验室研究表明，含水砂层在充电以后，断电的瞬间可以观测到由于充电所激发的二次电位，该二次电位衰减的速度随含水量的增加而变缓。在实践中利用这种方法圈定地下水富集带和确定井位已有不少成功的实例。但它在理论和观测技术方面还有待改进。

5. 地震勘探

地震勘探是通过研究人工激发的弹性波在地壳内的传播规律来勘探地质构造的方法。由锤击或爆炸引起的弹性波，从激发点向外传播，遇到不同弹性介质的分界面，将产生反射和折射，利用检波器将反射波和折射波到达地面所引起的微弱振动变成电信号，送入地震仪经滤波、放大后，记录在相纸或磁带中。经整理、分析、解释就能推算出不同地层分界面的埋藏深度、产状、构造等。地震勘探常用于探测覆盖层或风化壳的厚度，确定断层破碎带，在现场研究岩土的动力学特性等，可分为折射波法和反射波法两种。

6. 折射波法

当地震波遇到上下速度 v_1、v_2 不同的界面时，有一部分波将透过界面形成透射波，其透射角与入射角 a 的关系符合折射定律 $\sin a/\sin \beta = v_1/v_2$。对于 $\sin a = v_1/v_2$ 的入射波可产生透射角 $\beta = 90°$ 的透射波，并以 v 的速度沿界面滑行。这种滑行波又引起第一个介质中质点的振动而产生可传到地面的折射波（也称首波）。但是折射波法得不到记录，因此需要加大检波距。当下层速度 v_2 小于上层速度 v_1 时，不可能形成折射波。

7. 反射波法

反射波形成的条件是界面两侧的波阻抗（地层速度与密度的乘积）有差异，差异越大反射波越强。由于采用信号叠加技术以及轻便的可控振动器做振源，已经可以获得深度约 50 米，甚至更浅的浅层反射记录。以上所涉及的激发方式主要产生纵波（压缩波）。在测定岩石动弹性模量时，常用垂直于测线方向水平激发的方式产生横波（剪切波）。水是不传递横波的，故在水文地质、工程地质勘察中发展横波技术是有前景的。

8. 钻孔地震波测速法

钻孔地震波测速法是在钻孔中利用直达波测定地层波速的方法，有单孔法和跨孔法两种。单孔测速法是在孔口附近激振，在钻孔内的不同深度上安置探头测定直达波的初至时间。探头是由两个互为正交的水平检波器和一个垂直检波器组成的。利用气压附壁装置，可使探头紧贴井壁。测定纵波速度时，须做垂直激振。测定横波速度时，须做水平激振，通常是在压有重物的厚木板两端做水平振击以激发横波。根据直达波穿过某地层所需的时间及该地层的厚度可算出地层速度。在较深的钻孔中可用附壁式井下锤激发横波。已知激振点到检波器的距离以及直达波的行进时间便可算出地层波速。

9.声波探测

声波探测是利用声波（或超声波）对岩体进行探测的方法。其由于频率高、波长短，因此分辨率高。声波探测主要用于测定岩体的物理力学参数确定洞室岩石应力松弛范围、探测溶穴及检查水泥灌浆效果等。但是，由于岩石对高频波的吸收、衰减和散射比较严重，因而测的距离不大。声波探测可分为主动和被动两种方式。

三、钻探

钻探或勘探是利用深部钻探的机械工程技术，以开采地底或者海底自然资源，或者采取地层的剖面实况，撷取实体样本，用于提供实验以取得相关数据资料等。

为了尽可能既准确又经济地详细查明铁路、公路下伏空洞的埋深、形状、体积等，为治理工程设计提供依据，应当把地质测绘、地球物理探测和钻探综合起来。

第四章 岩溶隧道工程地质勘察

岩溶隧道工程地质勘察与非岩溶地区的工程地质勘察的不同之处在于，不仅要对各种基础地质条件进行勘察，更重要的是围绕岩溶发育和岩溶水文工程地质条件进行勘察。基础地质条件的勘察，包括研究区域自然地理、地貌、地层岩性、地质构造及近代物理地质现象等。只有在掌握上述基础地质条件的基础上，才有条件进行岩溶工程地质勘察。

第一节 岩溶隧道工程地质勘察特点及主要内容

一、岩溶隧道工程地质勘察特点

岩溶的发育是复杂的，岩溶水文地质条件则更为复杂，对于岩溶地区的一些特殊现象，如反复泉、多潮泉、岩溶管道水汇流、河谷悬托及穿跨流等现象，很难用一般的水文地质学概念来阐明，也难以用一般的勘察手段去查明，因此必须用岩溶工程地质学中的一些基本理论和方法进行勘察和分析研究。

为研究岩溶水发育特征，勘察范围较非岩溶地区要适当扩大。在通常情况下，需要包括工程地区一个完整的岩溶水文地质单元。

由于岩溶发育在空间上的不均一性和岩溶水文地质条件的复杂性，必须利用多种勘察手段和方法进行综合研究。在通常情况下，岩溶工程地质勘察的工作量要比非岩溶地区大得多。

二、岩溶工程地质勘察的主要内容

岩溶工程地质勘察的内容相当广泛，主要包括：

1.岩溶基础地质条件。（1）与岩溶有关的基本地质结构，包括各类地层（主要是碳酸盐地层）及地质构造。对于碳酸盐岩层，应重点进行矿物化学成分的分析以及溶蚀性试验。还要从工程地质角度出发，研究其物理力学特征，为隧道稳定评价提供基本资料。（2）岩溶层组类型及其划分。（3）区域构造应力场和河谷地貌及岩溶发育史。通过对区域构造应力场进行分析，可以判断不同结构面的导水性，从而寻找地下水运动和岩溶发育的优势方向。通过对河谷地貌及岩溶发育史的研究，可以为岩溶发育的继承性和发育规律的研究打下基础。

2.岩溶发育规律与发育程度。（1）详细调查各种单体岩溶形态和组合形态，并用一定的形式表示在平面地质图和剖面地质图上，以寻求岩溶发育的分布规律和统计规律。（2）对岩溶发育程度的研究，主要靠岩溶调查和勘探收集资料，其量化程度通常以岩溶率来表征。岩溶率有四种表示方法，即线岩溶率、面岩溶率、岩溶体积率、钻孔遇洞率，从而为评价岩溶发育程度提供定量指标。对岩溶发育强度的研究，主要借助于室内碳酸盐岩的溶蚀试验，并与实际岩溶发育的速度相结合，以定量分析岩溶发育的强度。（3）岩溶发育特征和规律的综合分析，可从以下几个方面进行：岩溶发育与可溶岩岩性的关系；岩溶发育与地质构造的关系；岩溶发育与地下水化学及地下水动力条件的关系；岩溶发育与地下水温度场的关系；岩溶发育与排水基准面、河谷发育史及地表地下水文网演变之间的关系。

3.岩溶水文地质条件。（1）根据岩性和构造条件，划分岩溶水文地质结构类型，确定喀斯特含水层和隔水层的分布位置，对隔水层的可靠性要进行详细研究和论证；（2）对每一个喀斯特含水层，都要分析论证其补给、径流和排泄条件，特别要查明河水与地下水的关系，并确定河谷地下水动力类型；（3）进行岩溶地下水连通试验，获取岩溶水渗流速度、比降及流态等资料，为岩溶管道水的汇流研究和水文地质计算提供基本资料；（4）通过勘探孔进行岩体渗透试验，尽可能取得渗透系数和单位吸水量，同时，要注意对钻孔分段水位的量测，以便编制各种渗流网图和进行地下水计算；（5）对岩溶水进行水化学、水温和同位素分析研究，以建立测区的水化学场、水温场和同位素场;（6）建立地下水动态长期监测网，监测岩溶水文地质条件的变化规律，为进行岩溶渗漏分析、计算提供重要资料。

第二节　岩溶隧道工程地质勘察程序及成果编制

一、岩溶隧道工程地质勘察目的及任务

岩溶隧道勘察的目的是确定隧道工程穿越地区的地形地貌、地层岩性、地质构造情况，特别是岩溶发育情况及其与隧道工程的关系，岩溶水的补给、径流、排泄条件，岩

溶水的水量、水压及其动态变化特征，岩溶充填物的性质等。

岩溶隧道工程地质勘察的深广度应与设计阶段相适应，铁路设计一般分为预可行性研究、可行性研究、初步设计和施工图四个阶段。因此，岩溶隧道的地质勘察按草测、初测、定测的程序分阶段进行；对地质条件控制和影响线路方案的越岭地段，在线路可能通过的最大区域范围内开展加深地质工作，提出初测方案范围和评价意见。各勘察阶段岩溶隧道地质勘察目的与要求如表4-1所示。

表4-1　各勘察阶段岩溶隧道地质勘察目的与要求

勘察阶段	目的与要求
踏勘（草测）	在地质情况复杂，既有资料不全，不能满足线路方案比选和编制预可行性研究报告时进行。对控制线路方案的越岭地段，了解其地层、岩性、地质构造、工程地质及水文地质情况，提出越岭地段方案比选意见
加深地质工作	主要做好越岭地段大面积地质选线。采用多片种遥感图像地质判释、大面积地质调绘、综合物探相结合并辅以少量验证性钻探的综合勘探方法，在线路可能通过的最大区域内初步确定岩溶隧道工程地质条件及不同线路方法复杂岩溶隧道地质条件的差异，提出初测方案范围和评价意见
初测	主要做好地质选线。根据预可行性研究阶段确定的技术标准和线路走向，加深地质工作推荐的线路方案，按水文地质单元确定复杂岩溶隧道初测工作范围。对控制和影响线路方案的复杂岩溶隧道采用遥感及补充大面积地质调绘、综合物探、钻探及测试试验等多种手段，初步查明不同地段复杂岩溶隧道的岩溶岩组类型、断层宽度、延伸方向、性质及与隧道的关系，暗河及岩溶泉的分布、流量，补给、径流、排泄条件、与隧道的关系，储水构造，岩溶发育程度和引线段地质条件；为可行性研究设计提供岩土参数和设计依据；通过不同地段复杂岩溶隧道的方案地质比选，推荐贯通方案
定测	在充分搜集分析研究既有区域地质、遥感判释、初测资料的基础上，通过地质测绘和岩溶水文地质调查，以大地电磁物探技术（EH-4，GDP-32、V6、V5）和适量深孔钻探为主要勘探手段，辅以孔内测试试验（水文地质试验、综合测井、地应力测试、瓦斯测试、跨孔CT、全景式数字摄影等）及土石水样试（化）验，并进行重要水点及气象的长期观测（不少于1个水文年）的综合勘探方法，确定复杂岩溶隧道的工程地质及水文地质条件

二、岩溶隧道工程地质及水文地质勘察程序

对于深埋复杂岩溶隧道，除确定岩体物理力学参数进行隧道围岩分级外，还需查明岩溶发育规律，预测隧道涌水及突水的可能性、位置、涌水量、溶洞规模、充填物特征等，对于大跨度硐室还应确定主要软弱结构面的分布及组合评价围岩稳定性。深埋岩溶隧道的复杂性决定了选择的勘察技术应具有探查深度大、精度高的特点，地质调绘、综合物探、钻探，测试试验的重点应查明隧道通过地区的岩溶发育规律、岩溶及岩溶管道的位置与规模、产生突水突泥的地段等。

对于特定的岩溶隧道，具体勘察工作要求如下：

1. 在充分分析研究既有资料的基础上，以遥感判释先行，对发育规模宏大的暗河系统进行扩大范围、深入的地质测绘和岩溶水文地质调查。

2. 对与隧道关系密切的暗河、溶洞开展进洞调查，进行示踪试验、水化学分析试验，调查所有暗河的标高、流量及其发育特征，详细查明暗河的补给、径流、排泄路径、空间展布、流量动态变化等。

3. 采用最先进的物探方法和仪器设备（如 EH-4、GDP-32、V6、V5 和瞬变电磁、跨孔 CT 等）进行综合地球物理探测，结合孔内无线电波（声波）透视及孔内全景式数字摄影，查明隧道深部的地层、构造，探明岩溶空间发育程度、深部岩溶存在的可能性暗河位置和规模等。

4. 在充分分析调查测绘、物探资料的基础上布置适量的深孔验证深部地层、构造和物探异常；利用深孔进行地温、瓦斯、地应力的测试，水文地质试验及综合测井等工作，取得相关的参数及资料。

5. 选取与隧道密切相关的井泉、暗河进出口、地表河流等进行长期流量动态观测，并选择代表性的地段建立气象观测站。

6. 采用地质分析法、统计分析法、工程地质类比法等分析评价岩溶隧道工程地质及水文地质条件，可能发生重大地质灾害的原因、性质、位置或地段、规模、危害程度，提出相应的工程处理措施建议。

7. 进行施工地质复杂程度分级，为施工阶段超前预测预报工作提供指导。

三、岩溶隧道工程地质勘察成果编制

为适应铁路建设发展的需要，使工程地质勘察工作具有系统性和完整性，提高勘察工作效率，保证勘察成果质量，特制定岩溶隧道中的工程地质勘察成果编制要求。

1. 岩溶隧道工程地质勘察报告

（1）工程概况。

（2）工程地质勘察情况，包括勘察内容、方法、质量要求、完成的勘探工作量等。

（3）地质背景，包括地形地貌、地层岩性、地质构造（如结构面发育情况、褶皱、断层带性质）等。

（4）室内外测深试验方法及成果。

（5）地下水长期观测情况及成果。

（6）工程地质及水文地质综合分析评价。

根据工程地质及水文地质调绘、综合物探、深孔钻探及综合测井、水文地质试验、地下水长期观测等资料，运用工程地质及水文地质类比法、水均衡法、岩石力学分析法等地质分析法、力学分析法，进行岩溶隧道工程地质及水文地质条件的定性、（半）定量分析评价。其主要包括：

1）岩溶发育规律，包括岩溶形态与分布，地形地貌、地层岩性或岩组、地质构造对岩溶及岩溶水的控制作用，岩溶发育程度，隧道洞身地段所处岩溶水分带部位，地下暗河或岩溶管道与隧道关系等。

2）岩溶水的补给、径流、排泄条件，岩溶水的动态变化特征及其与降雨的关系等。

3）隧道涌水量预测，包括预测方法、参数选取、预测涌水量等。

4）分析确定可能发生突（涌）水（泥）地质灾害的区段。

5）隧道围岩分级。

6）煤层瓦斯及天然气体对隧道工程的影响分析评价。

2. 附件

（1）综合测井报告及成果。

（2）孔内水文地质试验报告及成果。

（3）示踪或连通试验报告及成果。

（4）地下水长期观测报告及成果。

（5）水、土、岩石物理力学性质试验报告及成果。

（6）隧道风险评估报告。

（7）图纸目录。

3. 附图

（1）1:50 000 或 1:10 000 隧道工程地质及水文地质图；1:2 000 隧道工程地质平面图。

（2）隧道工程地质纵断面图，比例为横 1:500~1:5 000，竖 1:200~1:5 000，横竖比例尺宜一致。

（3）隧道地区地质构造图（水文地质复杂时绘制），比例为 1:5 000~1 : 50 000。

（4）隧道洞口工程地质图，比例为 1 ： 500。

（5）隧道洞口工程地质纵断面图，比例为 1:200。

（6）隧道洞口工程地质横断面图，比例为 1:200。

（7）辅助坑道（横洞、平行导坑、斜井、竖井）地质图件及说明。

（8）钻孔柱状图。

（9）物探成果图及报告，物探成果图可与纵断面图合并。

4. 附表

勘探工作量汇总表，包括地质测绘、物探、钻探、测试试验、地下水长期观测等勘探及测试试验工作量。

第三节　岩溶隧道工程地质勘察方法

岩溶隧道工程地质勘察主要采用遥感判释、地质调绘、地球物理勘探、钻探及测试试验、地下水长期观测等方法，查明隧道所经地区的地形地貌、地层岩性、地质构造、地下水的补给、径流、排泄条件以及岩体物理力学参数等，分析评价隧道工程地质及水文地质条件。

一、遥感判释

遥感图像能宏观而真实地反映地表特征和各种地质现象的空间关系，因而在地质工作中得到广泛的应用。常规航空摄影作为遥感技术的方法之一，早在 20 世纪 50 年代即已应用于我国铁路勘测工作，取得了较好的效果并积累了较丰富的经验。随着遥感技术的发展，航空摄影的内容大大充实，空间分辨率和信息量大为提高，所以，它至今仍是铁路勘测设计部门研究并采用的主要遥感手段。卫星相片不仅具有宏观的和近似正射投影的性能，还有"透视"一定深度的能力，对构造，特别是隐伏构造和一定深度的地下水特征及与之有关的一些微弱信息，都有不同程度的显示。因此，常应用于区域性地质轮廓和构造格架的研究。根据铁路工程地质工作的特点，目前遥感技术的应用应采取以航空遥感与卫星遥感相结合，而以航空遥感为主的方式。

遥感技术是借助不同高度的平台，采用不同谱段的摄影、扫描技术获取不同地质体的特征信息。卫星遥感图像简称卫片，航空遥感图像简称航片。在卫片或航片上分析判断地质现象的过程为遥感图像的地质判释（简称遥感判释或判译）。采用航片或卫片可进行地形、地物、地貌、岩性、地质构造、不良地质的判释，如确定道路、水系、水点、岩溶洼地、地表塌陷等。自 1997 年至 2003 年，遥感地质贯穿于宜万铁路可行性研究、加深地质工作、初测及定测的勘探各阶段。

1. 遥感判释的过程

当前，在岩溶地质研究方面，仍以应用卫星遥感影像为最多。它们的图像主要区别是分辨率不同，TM 影像分辨率 30m，ETM 影像分辨率 15m，SPOT 卫星影像分辨率

10m，其可制作1:50000~1:30 000影像图；IKONOS卫星影像分辨率4m。各勘测阶段的片种，应力求不同分辨率、不同平台高度影像资料的综合应用，相互配合。

（1）可行性研究阶段以TM影像为主（1:200 000~1:100 000），1:50 000航片配合。

（2）加深地质工作，在TM成果基础上，以1:50 000航片判释为主，有条件时，局部辅以1:10 000航片。

（3）初测阶段：1:10 000航片与1:50 000航片相互配合用。

（4）定测阶段：1:10 000航片为主，辅以1:50 000航片。

成果图应将航片经校正镶嵌成正射影像图，使遥感判释成果直观、科学。

遥感地质工作的程序一般是：1）根据卫星影像色调和形态特征进行判读和判释，编制出遥感地质草图；2）选择有重要意义或工程附近的地质现象进行野外调查核实，即野外验证；3）编制出修正后的遥感地质判释图，配合其他勘测资料提供设计应用。

2.遥感判释的内容

遥感技术在岩溶地区研究的对象和内容既具有一般地质研究中所存在的共同性，又有其自身的特殊性。岩溶地区卫星相片、航空相片的判释常侧重于岩溶地貌及岩溶水文地质方面，但为研究区域岩溶发育特征，地质构造和底层岩性亦占有重要地位。其重要判释内容有：

（1）地形地貌。岩溶地区有其特定的地貌形态特征，图像判释着重以下方面：1）划分岩溶地貌单元，确定各类岩溶个体形态及其组合类型；2）水系展布与河道变迁情况；3）阶地的研究；4）各级岩溶剥离面的鉴别。

（2）区域地质、地质构造。了解区域构造轮廓，划分构造单元及构造体系，分析断裂的力学性质及隐伏构造，鉴别褶皱形态及确定岩层产状等。

（3）地层岩性。确定不同时代的地层界线及接触关系，了解碳酸盐岩与非碳酸盐岩的分布特征，划分岩溶层组，分析第四纪地层的岩性、分布及成因类型等。

（4）岩溶水文地质。确定各种岩溶地表、地下水点（如岩溶湖、塘、岩溶泉、暗河进出口，沼泽、湿地，潭等）的分布，结合地貌判释，分析地下水的补给、径流、排泄条件及暗河，伏流的分布特征，划分水文地质单元。

（5）与岩溶有关的不良地质现象，如地面塌陷等。

3.地形、地貌的判释

根据航卫片影像特征判释，宜万铁路行进在长江与清江之间的分水岭地带，除首、尾段地形较平坦外，大部分穿越在相对高差600~700m的低中山区，地形复杂，山高谷深，最大高差可达1 200m。它以建始至恩施一线为界，以东山脉走向近东西，以西的山脉

以东北 - 西南向为主。

地貌上，自东向西可分为：（1）中新生界侵蚀，剥蚀丘陵及冲积平原区，分布于枝城—宜都及天阳坪断层以北；（2）构造侵蚀溶蚀中低山区，分布于长阳至火烧坪一带，馒头状山顶，"V"形谷，羽状—树枝状水系；（3）构造溶蚀低中山区，分布于野三关至红岩寺一带，"V"形谷，岩溶发育，呈典型岩溶地貌；（4）构造侵蚀、溶蚀低中山区及山间盆地，分布于建始—恩施一带，平行状—树枝状水系；（5）构造侵蚀、溶蚀低中山区，分布于金子山复向斜周边，构造走向为东北向，溶蚀现象极化强烈，迷宫状水系；（6）侵蚀，剥蚀中低山及丘陵—平原区，位于齐岳山脉以西至万州一带。

4. 区域地质的判释

大地构造上，测区位于鄂西台背斜与川东褶皱带接触部位。从地质力学观点来看，为长江中下游东西构造带的西端（称长阳东西向构造带）与川东鄂西新华夏系构造带联合，复合部位，自榔坪、野三关至建始为两大体系逐渐转折之地，两大块的影像、构造、岩性界线截然不同；东侧以东西走向为主，西侧以东北－西南向为主，中间接合部位见有明显拖曳现象。

5. 工程地质岩组划分

通过对区域地层资料的深入研究，为便于遥感判释，根据时代相近、岩性相同的岩组合并方法，将测区划分为前震旦系火成岩及变质岩岩组、寒武系—奥陶系海相碳酸盐岩岩组、上二叠统—侏罗系内陆河湖相碎屑岩组、第四系陆相松散堆积岩组等12个工程地质岩组。如别岩槽隧道可划分为6个岩组：Ms+Ss（T-J）为三叠系至侏罗系以泥岩为主间夹砂岩岩组，KLs（T）为三叠系岩溶发育灰岩岩组，M1（T）为三叠系泥灰岩岩组等。

6. 构造的判释

（1）褶皱（曲）。褶皱（曲）影像表现为条带状、椭圆状、环状等，色调呈对称性，如齐岳山背斜影像。

（2）断层（裂）。断层具明显的线性影像，有时可见明显的断层三角面及岩组界线不连续、地形高差急剧变化，深切而直线性沟谷等判释标志。如仙女山及天阳坪两断裂带，由两条北北西向小角度相交断层和一系列小断层组成；天阳坪断裂带有宽1~2km的断裂破碎带，仙女山断裂表现为一系列雁形式断层组成的断裂带，存在数十米宽的断层角砾带，两条断层均为区域性活动断层。

在详细地质勘察遥感判释中，也判释出不少次一级断层，如别岩槽隧道的断层，在砂页岩与灰岩交界处，线性影像明显，地表岩溶发育，且沿断层连续分布，为一富水的岩溶破碎带。

7.岩溶的判释

（1）岩溶的影像特征。岩溶的影像特征主要表现在岩溶洼地、坡立谷、漏斗、落水洞、溶槽、溶沟及暗河的进出口等，从宏观层面来看，卫片影像的岩溶地貌多呈橘皮或花生壳状纹型图案，如清江北方案中的坡立谷、峰丛、峰林等地貌形态影像；在三叠系向斜内，可见较多的岩溶集合群影像，呈蓝色花纹斑，灰岩呈花生壳纹型，地表粗糙，坡立谷横、宽十余千米，形成溶蚀洼地。

（2）岩溶分布遥感影像特征。根据宜万铁路5次遥感判释成果，从遥感影像判释分析，岩溶发育具有区域性、时代性并受岩性和构造控制。

1）不同地质年代岩溶影像特征

中生代三叠系（T）灰岩：质纯、厚度大，岩溶发育最为强烈，影像特征是大范围的色调差异，形成封闭的圆—椭圆，呈蓝色花纹的溶蚀洼地、坡立谷。

寒武系—奥陶系（∈—O）灰岩：厚—中厚层，以石灰岩为主，含白云质灰岩、瘤状灰岩等，岩溶中等发育，影像色调深浅不一，有小型的封闭圈状。

石炭系—二叠系（C—P）：岩性组合复杂，其中的灰岩质纯，灰岩显示粗糙，岩溶发育的规模稍差。

震旦系（Z）灰岩：以白云质灰岩、白云岩为主，区内分布较少，影像色调较浅，岩溶不发育。

2）岩溶空间分布影像特征

测区的西部较东部发育，岩溶强烈发育地区多集中于新华夏系构造复向斜，向斜的核部（如大路坡复向斜、红岩复向斜、白杨坪复向斜及金子山复向斜等），处于清江水系强烈溯源侵蚀，地表水与地下水流重新兼并组合、溶蚀，地表巨型漏斗、落水洞广布，岩溶极其发育；利川至大屋坪段为金子山复向斜核部，三叠系灰岩为壮年期岩溶地貌，岩溶异常发育。

8.不良地质的判释

遥感通过卫、航片判释，能够准确地勾画出大量山体变形，在宜万遥感判释中，共判释出十多个具有一定规模，且对方案有较大影响的不良地质体。

（1）在恩施至利川段的判释中，在广布的花生壳状灰岩影像中，有一些不均匀呈蓝色的花纹形的封闭体（坡立谷）内，存在大量的滑坡、坍塌体，经专家现场鉴定为古滑坡群，其中较大的不良地质体有堰塘滑坡、桃树坪岩堆等，它们严重制约着清江北方案线位的选择。

（2）金龙坪地区不良地质体。金龙坪地区不良地质体主要包括金龙坪舌形滑坡、木龙河坍塌及溜坍体，都具相当规模，在立体镜下，影像清晰、形态逼真，判释成果已经外业证实，它影响野三关附近几个方案的评价，线路方案进行了绕避。

（3）庙岭上滑坡。野三关至高店子段通过大路坡复向斜之核部，遥感判释认为灰岩中的岩溶，砂岩中的不良地质十分发育。在1:50 000航片中庙岭上滑坡影像清晰，立体镜下建立起来的立体模型形态逼真，可见滑坡后缘陡壁，前缘凸向支井河，滑坡体上堆积零乱，共有4级，属牵引式滑坡，长600m、宽450m，可行性研究阶段，几个方案均通过此处并在其上设站，由于该滑坡规模大，线路进行了绕避。

9. 遥感判释的成果应用

由于遥感具有宏观性与直观性，通过所建立的立体模型，可以不受时空的限制识别和追踪地质体。如：（1）长阳至恩施段清江两岸的不良地质体的判释；恩施至利川段清江北方案的坡立谷，古滑坡体及不良地质的判释；滑坡的地表形态、范围、性质及分级等判释。（2）灰岩地区及隧道的地表岩溶分布的详细圈定，如别岩槽隧道根据地表岩溶发育形态、地表水系、暗河（泉）的出露及断层破碎带的位置等，推测了隧道地区地下水暗河通道及地下水流向，供地质调绘及岩溶分析时参考。

通过对地形、地貌、岩性、构造、岩溶及不良地质现象的判释，指导地质调绘，经地质调绘验证，修正判释成果，从而对各方案的线路工程地质条件进行分析和评价，指导地形及地质复杂地段的选线。

二、工程地质及水文地质调绘

工程地质及水文地质调绘是运用地质、工程地质及水文地质理论，对与隧道工程有关的各种地质现象进行观察和描述，初步确定隧道工程的地质条件。将地层岩性、地质构造、岩溶洼地与落水洞等地貌特征和井、泉、暗河出入口等地下水露头的分布、类型、水量、水质等工程地质条件及水文地质诸要素采用不同的颜色、符号，按精度要求标绘在一定比例尺的地形图上，并结合勘探、测试资料编制工程地质图、水文地质图。

地质调绘是复杂岩溶隧道地质勘察工作的基础。

1. 工程地质及水文地质调查内容

（1）地质调查内容

调查地层层序、岩层产状，可溶岩与非可溶岩的相互关系、分布规律、埋藏条件；岩溶区褶皱、断层等地质构造的性质、产状，断层带的宽度、性质、裂隙发育特征、岩体破碎程度，并与地下水的活动相联系，分析与岩溶作用的关系。

（2）岩溶调查内容

1）岩溶地貌调查。调查各种岩溶地貌形态类型、分布范围、排列方向、高程，岩溶泉和暗河的出露位置，覆盖层的岩性、厚度，岩溶发育与近代侵蚀基准面的关系，岩溶发育与岩性、地质构造、裂隙发育程度、地貌单元、水系沟谷的关系。

2）岩溶洞穴调查。调查与隧道工程有关的洞穴、暗河，确定洞穴的平面走向及代表性断面形态；地下水水位、流速、流向、流量；洞内沉积物特征、成分及物理力学性质；洞穴发育所在层位与岩性、构造的关系；洞体的完整性及稳定性。

（3）水文地质调查内容

在调查岩溶泉、落水洞、暗河与出露的地层层位、岩性，地质构造关系及其高程、水位、水深、流量，水位变幅、流速的基础上，为确定暗河来龙去脉进行重要水点的示踪试验，进行降雨量与出水量的长期观测。在调查基础上，分析岩溶水的补给来源，地表水或大气降雨与地下水的转换条件，岩溶水的排泄方式，地表水和地下水分水岭的位置。

2. 岩溶隧道工程地质及水文地质调绘应用

（1）确定地层岩性和划分岩溶岩组类型

1）宜万铁路长大岩溶隧道主要穿越寒武系、二叠系、三叠系碳酸盐岩地层。

2）岩溶岩组类型划分。岩石成分和结构构造的差异，构成不同的岩类组合特征。从纵向剖面上岩类组合与岩溶发育强度和渗透特征划分岩溶岩组类型，宜万铁路复杂岩溶隧道岩溶岩组类型主要有非碳酸盐岩岩组、不纯碳酸盐岩岩组、纯碳酸盐岩岩组。

寒武系水井陀组和石牌组为非碳酸盐岩构成的地层，不发育岩溶；石龙洞组基本为碳酸盐岩组类，上部为厚—巨厚的斑块状云灰岩，中、下部为间互型的灰岩与白云质条带的组合或厚层灰岩夹白云质灰岩，随分布和出露条件的不同，岩溶发育有较大差异，但总体是岩溶发育的层位；高台组为不纯碳酸盐岩与非碳酸盐岩交互，单层和连续厚度较小，在水文地质上可视为隔水层；茅坪组为不纯碳酸盐岩夹碎屑岩或两种可溶性弱的碳酸盐岩的不等厚交互，总体结构不利于岩溶发育，其透水介质主要为裂隙及溶隙，在水文地质上属于相对隔水层或弱透水层；光竹岭组完全由纯碳酸盐岩组成，单层厚度、连续厚度及总厚度均较大，岩性为灰岩、白云岩，是有利于岩溶发育的岩组，分布有大型岩溶管道，构成集中型岩溶水系统；覃家庙组、大水井组、毛田组均为不纯碳酸盐岩，岩溶发育较弱；三游洞群由纯碳酸盐岩组成，为厚—巨厚层白云岩、白云质灰岩，是有利于岩溶发育的岩组类型，洞穴及管道发育，是溶隙—洞穴与管道构成的岩溶水系统，属强透水层。

奥陶系南津关组除底部为不纯碳酸盐岩—泥质条带灰岩与页岩互层外，基本属于厚—巨厚层碳酸盐岩组，有利于岩溶发育，为强透水层，洞穴、暗河发育；分乡组由互层灰岩夹页岩组成，属不纯碳酸盐岩组中的间互型，其中灰岩单层厚度和连续厚度较大，有利于岩溶发育，但由于水流受页岩夹层的限制，岩溶顺层发育，属中等—弱透水层；红花园组由厚—巨厚层灰岩岩组构成，属纯碳酸盐岩组，总厚度 22~40m，有溶洞发育，泉流量最大可达 30L/s，为中等—强透水层；大湾组—五峰组除底部为非碳酸盐岩外，基本属于薄—中厚层的泥质灰岩，灰岩泥质含量高，且夹有少量页岩，限制了岩溶发育，一般以裂隙—溶隙为含水介质，属于弱透水岩组。

志留系—泥盆系—石炭系为非碳酸盐岩类。

二叠系栖霞组为不纯碳酸盐岩组，其间夹有薄层泥质岩类且含有大量燧石结核（或团块），多发育小型洞穴和溶隙，裂隙—溶隙可构成相互连接的网络，常见流量很大的溶隙泉，属中等—较强透水层，其顶部为几米厚的马鞍段页岩；茅口组为不纯碳酸盐岩组，以厚层含燧石结核微晶灰岩为主，燧石结核或团块在断面面积上约占 20%~30%，地下水多沿溶隙汇流，溶隙为主要含水介质，属于中等透水层；吴家坪组、大隆组属非碳酸盐岩组，为相对隔水层；长兴组的特点与茅口组相同。

三叠系大冶组下部为不纯的碳酸盐岩组，主要为薄—中厚状微晶灰岩夹页岩，或二者交互，页岩夹层由上往下逐渐递增，上部基本为纯碳酸盐岩，中部页岩厚度达 10%~20%，下部达 40%~60%，所以上部为强透水层，下部为层状非均质透水层，构成强弱交替的含水系统，底部为相对隔水层；嘉陵江组为纯碳酸盐岩类，偶夹有泥质条带和薄层钙质页岩，岩石类型为灰岩，是岩溶化最强烈的地层之一，发育有各种岩溶类型，由溶隙—洞穴和管道构成岩溶透水介质，属强透水层；巴东组上、下段为非碳酸盐岩类，中段为泥灰岩，灰岩夹少许砂页岩，属不纯碳酸盐岩组，是岩溶中等发育的层位。

白垩系—第三系为非碳酸盐岩组，属隔水层。

在寒武系—第三系地层剖面中，不同岩溶岩组交替出现，岩溶发育程度、透水介质类型及透水性大小呈交替变化形式，强弱相间，其中石龙洞组、光竹岭组、三游洞群、南津关组、嘉陵江组为强透水层；新屋组、红花园组、栖霞组、茅口组、大冶组、巴东组中段为中等透水层；茅坪组、大水井组、毛田组、覃家庙组、平善坝组、大湾组—临湘组为弱透水层；其余为隔水层和相对隔水层。含水层与隔水层或相对隔水层大多呈相间分布，因而构成宜万线区域多层水文地质结构体。

（2）确定地质构造

宜万线位于我国东部的新华夏系第三隆起带的中南段和长江中下游东西向构造西段

延伸部分及两者的交接、复合部位,构造较为复杂。其具体包括:1)江汉平原沉降带——线路跨越该沉降带地域很少,只涉及由白垩系至下第三系地层组成的宜昌单斜地层;2)长阳东西向构造带——主要由近东西向的褶皱和压性、张性断层,北西和北东向的扭断层及近南北向的横张断裂组成,主要有长阳倒转复背斜、天阳坪断裂、仙女山断裂;3)新华夏系构造带——主要位于榔坪以西地段。测区表现为联合弧形构造带,北北东向复合式构造带两种构造型式。主要构造有清太平复向斜、客坊倒转背斜、大青山——十里牌断裂、建始——恩施断裂、金子山复向斜、齐岳山背斜、方斗山背斜等 20 余处。

三、物探探测

岩溶勘探,一般条件下是采用物探方法沿线路进行带状探查,确定异常发育区后进行钻探验证来评价岩溶的发育程度和规模。但在宜万沿线地形切割剧烈、自然坡度较大、隧道埋深大的条件下进行岩溶勘探,采用什么方法、应注意一些什么问题、诸如地形等干扰因素对观测结果的影响,勘探深度能否达到深埋隧道的要求,深埋隧道的岩溶异常特征和勘察效果以及对异常特征的认识和分析等问题,都是以往岩溶勘探中没有遇到的,而国内外少有在复杂地形条件下地面岩溶勘察的成功先例,因此铁路建设对隧道工程中的岩溶问题,一般都是在施工中揭示后再采取相应措施。

由于岩溶与其围岩的物性差异主要是电阻率差异,因此探查岩溶的主要物探方法局限于传导类电法和电磁波法。对于隧道勘探,由于地形条件差,一般采用高密度电法,但它的勘探深度浅、分辨率低。电磁波法最早用于隧道工程勘察,是铁一院在秦岭隧道应用可控源音频大地电磁法进行断层和岩性界线的探查;渝怀线圆梁山隧道尝试过采用可控源音频大地电磁法进行深埋岩溶的勘察。通过文献检索,国内外都没有岩溶隧道工程勘察的报道,对于宜万铁路这样复杂地形条件下的深埋岩溶隧道工程,更是没有先例。

1. 物探方法类型及方法选择

(1)传导类电法

传导类电法是以各种直流电法为主,在我国获得比较广泛应用的有电阻率法、充电法、自然电场法以及激发极化法等。在电阻率法中又可分为电阻率剖面法、电测深法和高密度电法等。在地形条件较好时一般应用直流电测深法,当地形有一定起伏时采用高密度电法。

(2)电磁感应类方法

电磁感应类方法是用天然的或人工的电磁场作为激励场源,根据趋肤原理,不同频率的电磁波在满足平面波场的条件下,透入地下的深度是不同的,高频部分穿透趋肤深度小，低频深度大，因此不同频率的电磁波在不同深度的地层中形成相应的极化，产生二次感应电磁场，地层的电性特征不同，极化的效果不一样。同时当地层界面是一个波阻抗面时，透入地下的电磁波有一部分能量在这个界面被反射回地面，界面的波阻抗值不同，反射回地面的能量大小也不同。电磁感应类方法就是根据电磁波在地下介质中极化和反射特性形成的二次电磁场、在地面接收不同深度地层中产生的极化和反射以及一次场的叠加信号，判断不均匀地质体的空间形态和不同电性层的埋深及空间分布。

电磁感应类方法主要用于研究深部大地构造、石油勘探和探测金属矿体的埋深。根据采用的场源特点，可分为人工场源的可控源音频大地电磁测深法（CSAMT）、天然场源的大地电磁测深法（MT）和瞬变电磁法（TEM）。本次的对比试验研究主要采用了可控源音频大地电磁测深法和瞬变电磁法。

1）可控源音频大地电磁法（CSAMT）。大地电磁具有很宽的频带，根据观测的频率的范围，分为大地电磁法（0.001~300Hz）和音频大地电磁法（0.1Hz~nkHz）。大地电磁由于观测频率低，勘探深度达数公里以上，不适用于隧道的工程地质勘察；音频大地电磁的勘探深度在数百米至数千米，由于音频段的信号弱，不足以进行地质勘探，于是采用人工湖补充形成了可控源音频大地电磁法。可控源用于隧道工程勘察，还只有铁一院在秦岭隧道和圆梁山隧道用过。在宜万铁路这样的地质条件下效果如何，笔者选择了八字岭、马鹿等和齐岳山进行了方法和仪器的对比试验。当时可用于可探源音频大地电磁探测的仪器主要有 V6、GDP-32、EH-4 等。

通过对比试验发现：

由于采用人工源，抗干扰能力强，勘探深度大，外业工作效率高。

对断层的发现能力强，效果明显。

受收发距的限制，近场和过渡场的影响大，在宜万铁路这样的复杂山区，有效勘探深度在 400~500m。

受地表不均体和地形的静态影响大，因地面的干扰异常垂直延伸，扰乱了整个地电断面形态，有用异常不能很好地反映出来。现有的改正方法人为因素多。

设备笨重，在复杂山区发射偶极子布置困难，在岩溶发育的山区还会造成阴影效应。

在隧道要求的勘探深度内（0~1 000m），有效记录点少，纵向分辨率低。

2）瞬变电磁法。瞬变电磁法（TEM）是利用不接地回线向地下发射一次脉冲电磁场，在一次脉冲电磁场的间隙期间，利用线圈观测二次涡流场的方法，它所观测的是地质体对激发电磁场的纯二次响应，它利用地质体在电磁响应方面与地质背景的物性差异，根据观测数据推断地质体的性质和空间特点。由于它观测的信号没有一次场的叠加，干扰成分相对较少，应是一种复杂地形条件下较好的隧道勘探方法。该方法主要有两种模式：大线圈、小电流模式，勘探深度与线圈的大小成正比，一般为线圈边长的3~5倍，以较小的激发电流获得较大的磁通量来达到获取深部信息的目的；小线圈、大电流模式，勘探深度与线圈的大小没有直接联系，它是通过较大的激发电流获取较高的磁通密度来达到勘探目的。笔者选择了齐岳山隧道和八字岭隧道进行该方法的对比试验。

通过试验发现：该方法采用不接地线圈，适用于岩体裸露和接地不良条件下的工程地质勘探；由于一次场消失有一个暂态过程，造成了其观测的早期受到暂态效应的影响而不可用，大线圈小电流装置，约等于线圈边长的深度内没有可用数据，小线圈大电流装置约300m深度内数据呈直线变化趋势，没有地质体的叠加信息，不能提供全断面的地电信息；抗干扰能力差，特别是在电力和通信信号传输线的下方。

八字岭隧道瞬变电磁（小线圈、大电流模式）等视电阻率图，自地面以下约300m范围内，等视电阻度曲线随地形变化，等值线形态和电阻率梯度也没有任何改变，该段数据没有实际意义，只是说明了激发电流越大，暂态效应的时间越长，因此，要让该方法能用于复杂条件下的工程地质勘察，必须解决暂态过程的影响，并提高其抗干扰能力。

（3）CT类方法

CT是层析成像的英文缩写，是一种通过测量目标体内的波场信息，从而对目标体内部进行物性成像的技术。CT一词最早出现于20世纪60年代，最初的应用是通过X射线照射人体，应用CT计算方法对人体内部结构成像，从而了解人体内部信息。CT作为一种新的探测（计算）方法问世的同时，也为地球物理带来了变革，X射线计算机体层摄影应用的是高频电磁波，它的频率高、传播距离短，适用于人体探测。我们应用相对较低的电磁波，在地层中传播的距离可达数米至数百米，再使用相应的CT计算技术，也就是我们所说的电磁波CT，便可以达到地质勘探的目的。电磁波CT技术在20世纪70年代从苏联引进中国，最早应用于煤矿勘探并取得了良好的效果。90年代随着计算机技术的飞速发展，电磁波CT和地震弹性波CT开始广泛应用到各种地质勘探工作中，并有大量电磁波CT技术文献出现。

开展CT勘探，可以有很多种测量装置模式，最常见的是透射CT和反射CT。在目前工程勘探中最常用的是地震波层析成像技术，简称弹性波CT；电磁波吸收系数CT，简称电磁波CT。以下选取齐岳山隧道的德胜场谷地和白云山隧道进行上述两种方法的对比试验研究：

1）两种CT方法虽然都能有效地圈定CT剖面上的岩溶异常区，但它的使用局限于两钻孔之间的剖面内，因此它的应用决定于钻孔的数量和密度，而失去了大面积快速使用的可能。

2）现有的仪器设备只是用于解决浅部的工程地质问题，而不适用于深孔高水压的环境。

3）外业数据量大、效率低、成本高昂，只适用于解决某些特殊的工程地质问题。

通过可用于岩溶勘探的多种方法对比试验研究，各种方法在某些特定的条件下对某些特定的地质问题都有一定的效果，但对于宜万铁路这样复杂地形条件下的深埋岩溶隧道还没有一种通用的物探方法，需要开发研究对工程不同阶段具有通用意义的物探方法。

（4）深部岩溶探测物探方法的选择

针对岩溶与其围岩的主要物性差异为电阻率差异的特点，选择传导类电法、电磁感应类方法、CT 方法的试验研究，得出如下结论：

1）传导类电法不适用于复杂地形条件下的深部岩溶勘探。直流电测深是一种传统的有效的岩溶探测手段，由于地形起伏造成了直流电场的严重畸变，因此只适用于地形相对平缓且规模较大的山间谷地，且纵向分辨率很低；高密度电法的勘探深度和纵横向分辨率也不能满足岩溶隧道的工程勘察要求；充电法可以探测埋深较小的地下暗河的走向和岩溶的平面形态，但不适用于埋深较大或未充填的岩溶体。

2）可控源音频大地电磁法对大型的岩溶和断层具有较好的反应，但存在以下 3 个主要问题：设备笨重；地形和地表不均匀体的静态效应；近场和过渡场影响。它们影响了在复杂地形条件下的应用效果。

3）瞬变电磁法是一种纯地质体信息的勘探方法，但存在以下两个主要问题：对工业电流的抗干扰能力差；受暂态效应影响，300m 左右深度内测不到有效数据影响了其应用效果。

4）CT 是层析成像的英文缩写，是一种通过测量目标体内的波场信息，从而对目标体内部进行物性成像的技术，最早应用于人体内部病变的诊断，自 20 世纪 60 年代开始用于地质勘察，是一种较好的岩溶探查手段，但它受钻孔数量、钻孔间距的制约，且数据采集工作量巨大，生产效率低。

上述试验结果表明：已有的岩溶勘探方法都只能在某些特定的条件下取得较好的效果，对复杂地形条件下深埋岩溶隧道的勘察不具备普遍的适用性，要解决宜万铁路岩溶隧道的勘察难题，必须研究寻找新的物探方法。

2. 高频大地电磁方法探测深部岩溶

宜万铁路地处鄂西南的岩溶发育山区，隧道最大埋深达 800m，地形陡峻，岩溶和地下暗河发育。目前国内外还没有一种有效的地面物探方法探测复杂地形条件下的深部岩溶。

随着铁路勘测工作的进展，利用岩溶与灰岩的电阻率差异特征，在进行各种可用于深部勘探的物探方法效果的对比试验研究的基础上，选择高频段的大地电磁测深试验，取得了较好的效果。

（1）在实际的地电条件和复杂地形条件下，大地电磁采用一维的标量测量不能真实反映二维或多维介质的结构情况，大地电磁测深在对称各向异性介质和三维介质中必须用张量测量，其电阻率和电磁阻抗也需要用张量描述。

（2）高频大地电磁信号要求

宜万铁路的隧道最大埋深为800m，其勘探深度只要求达到1km，也就是要提供0~1km深度的连续地电断面，在以灰岩为主的高电阻率地层中，勘探深度达到1km，最低频率在400Hz左右就满足要求，最高频率应在100kHz以上。由于深部大地构造和深部矿产资源调查的研究需要，前人对大地电磁场的研究主要集中于低频和音频段，认为低频段信号强，可以进行大地电磁测量，音频段信号弱，需要采用人工源补充，10kHz以上的高频大地电信号由于衰减快，在到达地面时已衰减殆尽。

我们在宜万铁路试验中利用10Hz~100kHz的大地电磁信号进行隧道勘探取得了好的效果，只是偶然还是对高频段的大地电磁信号没有认识，为证实试验结果有没有普遍意义，我们对高频段的大地电磁信号进行了专门研究，除了在宜万铁路选择了18个观测点外，还在全国17个省市选择了42个观测点，实测了全国各地的高频大地电磁信号，发现前人没有研究的10~100kHz的大地电磁信号强，电场与磁场的相关性好，信号稳定可靠。

可见，上述对高频大地电磁信号特征的研究具有普遍意义。

（3）高频大地电磁信号主要来自人文活动

以上的研究只是证明了高频大地电磁场的存在，并可用于工程勘察，为了查明10~100kHz大地电场存在的原因，我们采用无线电信号测量仪对无线电台的电磁场信号进行了测量，发现10~100kHz频段无线电台的电磁场信号非常丰富。应是人文活动补充了高频段大地电磁信号的不足，因此只要有人文活动、有无线电信号的传输，就可以进行高频大地电磁勘探，这一发现填补了大地电磁高频段的研究空白，奠定了把高频大地电磁测深用于隧道工程勘察的基础。

（4）高频大地电磁法的特点

1）高频大地电磁的定义

高频大地电磁测深是根据深埋隧道的工程地质勘探需要提出来的，它的观测频段根据勘探深度的需要确定，由于顾及地形、地表不均匀体的静态效应及近场的干扰，我们把它的最大勘探深度界定为 1km，其观测频段的下限约为 300Hz（对高频大地电磁信号的研究是 10Hz~100kHz，最低频点可根据观测需要设定）。

传统的大地电磁法（MT）观测频段为 0.001~340Hz，音频大地电磁法（AMT）的观测频段为 0.1Hz~nkHz，高频大地电磁测深（HMT）为 300Hz~100kHz。

它与 AMT 有一定的重复段，为了加以区分，定义为高频大地电磁测深。

2）高频大地电磁测深的特点

高频大地电磁法除了最高观测频率要比 AMT 高出近 2 个数量级外还有以下特点：

团采用张量测量；设备轻便，适用于复杂地形条件的外业工作，且外业工作效率高；地形和地表不均匀体的影响小，且各种干扰的影响容易识别和改正；定量效果好，特别是对低阻电性层和低阻不均匀体（岩溶）定量判释的准确度高；能提供要求勘探深度以内的完整连续的地电断面，便于资料的追踪和分析；勘探深度不宜大于 1 000m，因为勘探深度加大，观测频点降低，地形和地表不均匀体的干扰加大，改正难度大。

3）随机噪声的干扰与处理

无线电传输基站的影响：当无线电传输基站和无线电台发射的信号距测点较远，能形成平面波时则是一种有用的场源能量；当距测线较近时则成为一种干扰波，主要造成电场时间域波形局部跳变，而磁道没有变化、高频段电场数据饱和，电道和磁道不相关，电道和电道也不相关。单支曲线在形成过渡带低谷后呈接近或大于 45° 上升。

工业电流的干扰：工业电流的干扰主要指高压输电线和工业游散电流的干扰。50Hz 及其奇次谐波（150Hz、250Hz、350Hz、450Hz 等）是交流电干扰的主要噪声源。主要表现在时间序列上呈 50Hz 周期性的波动，并有以下三个特点：具有方向性，一般 H_x-E_y 组的干扰明显弱于 H_y-E_x 组，这与感应电磁场方向有关；干扰强度具有随机性，这与输出载荷的大小有关，给数据处理带来更大麻烦；350Hz 及其奇次谐波对应的强度值很高，相位和相干度的频谱特征规律相当差，所有采样频点对应参数的离差大。

当测线穿过高压输电线时，在地电断面上会形成喇叭状的低阻异常区，异常边缘电阻率梯度变化剧烈，等值线密集，异常区内等值线为 K 型的圆滑曲线，数值变化平缓，当等值线出现异常时就说明叠加了其他原因的异常。当偏离高压线约 50m 时，其影响可以忽略。

风的干扰：风的干扰在磁道和电道均可出现，主要是对磁道造成影响，它是传输电缆被风吹动而在地磁场中摆动时，在传输线中产生感应电流而形成的，严重时会使时间序列偏离记录中心线。

外业工作的质量评价：一般情况下，固有噪声不会影响外业数据质量，而随机噪声会对外业数据质量造成较大影响，对噪声的影响用全信息矢量相干度和电磁场信号相关系数来评价。

噪声干扰的处理技术：对随机噪声干扰的处理可以从外业数据采集过程中对已发现的噪声采取相应的压制措施，如避开高压线或公路等噪声源，在大风或车辆通过时停止数据采集，在记录较差时进行多次叠加等；采取一定的数据处理方式来改善数据质量，由于随机噪声一般都是不相关噪声，数据处理过程中可采用互功率处理方法或加权互功率处理方法来压制。

4）静态效应的机理与处理方法

静态效应是一种固有噪声，是由地表附近电性不均匀体和地形变化形成的。

5）应注意的事项

选择方法和开展工作之前，应对工点的地质构造、地层结构和岩性及其物理特性有一个全面的了解，以合理选择外业工作的装置参数，保证外业数据的真实可靠。

不同的处理参数可以得出完全不同的结果，因此资料处理流程及处理参数应根据大的构造格架和地层的物性特征合理选择。

复杂的地形特征，特别是深切峡谷会引起假的断层异常，应注意地形改正。当地形异常与断层异常叠加时就难以确定；陡坡地段也会扭曲地层的分布形态。

应用高频大地电磁法对地形复杂的深埋岩溶隧道勘探，可有效探测：向（背）斜构造在隧道纵断面上的展布形态、地层的产状，推测隧道通过的地层等地质构造框架；有一定宽度的断层及其产状和沿断层出现的溶蚀和岩层破碎情况；一定规模的地下溶蚀洞穴发育位置。

深部岩溶能否形成异常，与电阻率差异的大小和岩溶的规模即径深比有关，当电阻率差异存在，而埋深较大时，其异常就显现不出来，多大的径深比能形成可供分辨的异常，是一个特别复杂的问题，有待进一步研究。同时，由于HMT是一种体积勘探，引起异常的地质体并不一定位于测线的正下方，因此验证没有发现对应的地质体是一种正常现象。

由于高频大地电磁法仍然是一种体积勘探，且满足迭加原理，因此产生异常的地质体并不一定位于测线的正下方，对岩溶异常的验证，不能依据验证钻孔是否揭示岩溶而评定该方法的有效性。宜万铁路的59个深孔钻探约近30个是参考高频大地电磁异常布置的，只有两个钻孔钻到了溶洞，而开挖过程中实际揭示的溶洞约占异常的70%。

大地电磁法的原理是电磁波透入地下一定深度后，在低阻地质体中激发感应电磁场，并根据这个场的强弱和特性判断它的性质和空间形态。电磁波透入地下以后，将遵守趋肤定理，不同频率的电磁波具有不同的穿透深度，同一频率的电磁波遇到不同电阻率层面时，其穿透深度也不一样，而资料处理过程中这些问题是不能确定和兼顾的，因此异常的定量解释精度会存在一定的误差，施工中在异常部位虽然未揭示对应的地质体，依然应高度重视，该地质体有可能就存在于周边。

6）推广应用和效果

配合宜万铁路的勘测、施工和二线建设，对宜万铁路30多座岩溶隧道进行了高频大地电磁测深勘探，测线长度达150多千米。通过对宜万铁路30座岩溶隧道工程验证的统计，隧道路肩附近共有低阻异常区176处（包括未开挖地段的异常），其中有123处揭示了具有一定规模的岩溶地质现象，占异常总数的70%，共揭示一定规模的溶腔172处，有169处位于异常区（另外3处中，1处为高阻反应，2处没有异常反应）。该项技术还陆续推广应用到武广、郑西、石太、向蒲、贵广、涪利、多温等客运专线和长大干线铁路的勘测，以及多条高速公路和云南、内蒙古、广东、湖南、湖北、贵州等省市多金属矿床及山西阳城煤矿和湖南澧县盐矿采空区的勘探。

四、深孔钻探及测试试验

深孔钻探是获取地表以下准确地质资源的重要方法，深孔钻探工作需在工程地质调绘、物探工作基础上进行。

深孔钻探的目的是验证深部地层层序、岩性、岩体完整程度，确定断层在深部的位置、宽度、破碎程度，验证物探异常性质。

1.深孔钻探及孔内测试试验技术要求

（1）钻孔位置和数量应视地质复杂程度而定。可溶岩与非可溶岩接触部位及地层层序复杂部位等重要地质界线、断层破碎带、大型物探异常部位、可能产生突水（泥）地段等应有钻孔控制。

（2）钻孔孔深应至隧底以下3~5m，遇溶洞、暗河时应适当加深至溶洞及暗河底以下5m。

（3）深孔钻探前，应根据钻孔任务书的要求进行深孔设计，其内容主要包括：

1）熟悉钻探技术任务书，根据推断的地质情况绘制钻孔柱状图，并注明地层等级、层次、层厚、深度、孔壁情况等。

2）根据地质要求和钻机类型及主要钻具设备等确定开孔直径和终孔直径。

3）确定该钻孔的换径区段。

4）确定钻进方法，如使用钻头的直径、种类、规格，套管的规格以及是否使用冲洗液等。

5）编制钻孔设计图。

（4）钻进中应满足以下要求：

1）一般地层回次进尺不大于 1m，破碎带不大于 0.5~0.7m；不同地层分层误差不应超过 0.1m。

2）钻探孔深最大允许偏差为 ±2%，每钻进 50m 必须校正一次，孔斜每 100m 不超过 1.5°，累计孔斜不超过 4°，每钻进 50m 必须校正一次。

3）应做好水位观测和记录，并取样进行水质分析。

4）水文地质条件复杂的岩溶隧道，应做好水文地质试验。测定地下水的流速、流向及岩土体的渗透性，必要时应进行地下水动态观测。

5）应取代表性岩土试样进行物理力学性质试验。

（5）应考虑深孔的综合利用。

（6）钻孔孔径、钻探工艺等应满足孔内各项测试、试验的技术要求。一般规定采取岩石试样的钻孔直径不小于 91mm，抽水试验钻孔的直径不小于 110mm，进行现场测试的钻孔直径应大于测试探头直径一级以上。

2. 孔内综合测试试验

（1）综合测井

综合测井方法是利用不同岩土体的电化学活动，电阻率，伽马射线、自然伽马的差异，岩体（石）声学特性，人工盐化井液在地下水的自然渗透作用下井液或盐水柱随时间发生的变幅，淡化和移动规律，从而确定地层岩性、溶洞、破碎带、裂隙带及其深度与厚度，判断岩石的软硬完整程度、确定含水层深度、厚度、流速、涌水量、渗透性、补给关系、富水性及地下水活动规律，提供地层物性参数，寻找钻探中未发现的薄层、验证、补充钻探结果，确定煤层深度及厚度。工程测井方面，测量钻孔井斜，井径变化及地层温度变化。综合测井技术是达到深孔钻探一孔多用的手段之一。宜万铁路复杂岩溶隧道深孔钻探中，对每一个深孔均进行了综合测井。

如：Jz-Ⅲ la-马2孔钻探深度 608.12m，于 2004 年 4 月 21 日至 23 日进行自然电位、视电阻率电位、视电阻率顶底部梯度、人工伽马、自然伽马、声速、井径、盐化扩散，工程测井对井斜、井温测量，共完成各种测井 5 089m，测斜点 38 点，测温点 122 点。测井资料综合分析认为：人工伽马曲线反映，在 36.40m 以上为岩溶发育组，自然伽马曲线反映有泥成分充填；72.40~76.80m 为溶洞，46.20~49.40m，66.20~66.80m 有裂隙、溶蚀现象；各曲线反映 76.80m 以下地层完整，岩性均匀，特别在 502.40m 以下，灰岩成分较纯；该孔水位测井过程中呈缓慢下降趋势，测井结束时，水位降至 233.1m，盐化曲线平直，无地下水运动；孔底温度第一次观测 20℃，第二次观测 20.5℃，地温梯度小于 1℃/100m，属正常地温区。

（2）深孔孔内水文地质试验

深孔孔内水文地质试验主要包括抽水试验、注水试验、压水试验。

隧道深孔水文地质试验不同于一般钻孔的常规水文地质试验，它对钻探工艺、试验设备能力有较高的要求，试验方法的正确与否关系到试验成果的精度及渗透系数的计算，从而影响到应用渗透系数进行隧道涌水量预测的正确性。下面结合宜万铁路隧道深孔水文地质试验工作，对隧道深孔水文地质试验方法进行探讨。

1）隧道深孔的特殊性。隧道深孔与一般水文地质钻孔相比，具有以下一些特点：

隧道深孔一般位于分水岭上，海拔较高，钻孔深度较大，水位埋藏深，穿越的地层多。在隧道深孔内不但要了解地层构造、岩溶、裂隙、地下水位等情况，还要进行各种测试工作，以获取更多的岩层参数，如物探测井、水文地质试验、地应力测试、瓦斯测试、地下水位长期观测等，每一项测试完成后都要保证钻孔的完整性，以便下一项测试工作的顺利进行。隧道深孔结构复杂，由于钻探设备能力和工艺水平的限制，钻孔每到一定的深度需要变小口径钻进，一般钻孔深部直径为 Φ91mm，甚至 Φ77mm，如此小的孔径给水文地质试验带来极大的困难。

2）隧道深孔水文地质试验方法的选择。为了测定岩层裂隙、断裂带的渗透性，主要采用抽水、压水、注水、提水等试验方法。通常情况下，在钻孔达到设计孔深后，先采用综合测井确定地层岩性、溶洞、破碎带、裂隙带及其深度与厚度，判断岩石的软硬完整程度等状况后，合理选取试验段并进行试验，其优点是试验的针对性强，缺点是钻孔深度大时水文地质试验困难、试验方法难以选择。

深孔抽水试验的条件。首先试验孔孔径要满足试验设备的安装，其次试验设备要达到降深的动水位要求。据了解，目前市场上最小的深井潜水泵直径为 Φ96mm，其最大扬程为 80m 左右，达到最大扬程的出水量为 6m³/d 左右，按试验时孔径需大于泵直径 1~2 级、水位降深大于 1m 的要求，抽水试验孔的孔径应在 Φ1110mm 以上，静水位埋深不超过 80m 时才能进行抽水试验，对于水位埋深 80m 以下的隧道，深孔抽水试验无法进行。

分层抽水试验要求有严密的止水措施，对隧道深孔来说，钻孔深度大、孔径小，还要保持钻孔的完整性，进行分层止水抽水是非常困难的，现有的工艺、设备水平很难达到，所以隧道深孔一般只进行混合抽水,这对水位埋深浅、岩层单一的深孔来说比较合适。

深孔注水试验的条件。注水试验不受设备、水位条件的限制,对水位埋深较大、透水性强的断层破碎带抽水,压水试验无法进行时尤其适用,其缺点是针对隧道深孔,分层试验困难,在缺水的环境下无法进行或代价太大。

深孔压水试验的条件。压水试验不受深度、孔径、水位的限制,适用条件广泛,其最大的优点是能够分段进行,尤其适合隧道深孔获取不同裂隙岩层的渗透系数和吸水量。其缺点是受以钻杆做输水设备的限制,对透水性极强的岩层无法满足流量大的要求,不适合强透水层。一般来说,隧道深孔多为基岩,由于基岩的透水性相对较弱,所以适合压水试验。

深孔提水试验的条件。提水试验属于简易水文地质试验,适用于钻孔浅、含水层渗透性弱、涌水量小的钻孔,对隧道深孔没有意义,一般不采用。

综上所述,由于抽水、注水试验在深孔试验中的局限性较大,尤其无法满足分层试验的要求,一般应用较少;而压水试验约束条件少,特别适合深孔分层试验,在隧道深孔水文地质试验中应用较多且压水试验较经济,效率高。

3)隧道深孔水文地质试验段的选取。隧道深孔水文地质试验段的选取原则应符合以下两点:满足试验目的和技术要求;适合选取的试验方法。一般隧道深孔的试验目的是获取不同裂隙岩层(包括断裂构造)的渗透性或裂隙性,不同于工程构筑物的渗漏检测,它不需要全孔进行试验,而是选择有代表性的岩层裂隙段进行,试验段间不需衔接;其次,技术要求在隧道路肩以上 20m 的范围内进行压水试验;至于试验段符合试验方法的要求,主要是指进行压水试验时,要求试验段长度合适,试验段孔径大小一致,试验段不能跨越渗透性相差较大的地层,试验段两端岩层要相对完整,孔壁要光滑等。

针对以上原则,一般隧道深孔试验段选取主要结合钻探和物探成果资料,从以下几个方面确定:

隧道顶部 20m 范围内岩层裂隙段;代表不同岩层的裂隙段;巨厚岩层不同深度的代表裂隙段;断层带;裂隙段的长度满足压水试验要求,一般为 5~10m,可根据裂隙发育程度进行确定:裂隙发育、渗透性强的地段,试验段宜短一些;岩层完整、岩性均一、透水性小的地段宜长一些,但不得超过 10m。

4)压水试验。压水试验是在钻孔中进行的野外水文地质试验,主要用来定性地了解地下不同深度的坚硬与半坚硬岩层的相对透水性和裂隙发育程度,对于隧道工程,压水试验一个重要的任务就是求取不同深度含水层的渗透系数。

隧道深孔水文地质试验是一项复杂、难度大、技术性强的工作,不但对钻孔工艺、试验设备具有较高的要求，同时对工程勘察技术人员的经验、应用能力也有较高的要求，技术人员应熟悉掌握各种水文地质试验方法的应用条件，善于根据隧道深孔的实际情况选择合适的试验方法，不断地总结经验，探索新方法。随着科学技术的不断发展，一些新的简便的测试方法不断产生，如智能化地下水动态参数测量仪，利用微量的放射性同位素标记滤水管中的水柱，测定出地下水的渗透流速、流向、渗透系数和水力梯度等动态参数，了解这些新技术并应用到生产中，将会减轻劳动强度，提高试验精度，大大地提高生产力。

（3）地应力测试

利用钻孔现场测定浅层地应力自 20 世纪 50 年代初开始，在 20 世纪 80 年代初期，钻孔水下三向应变计探头的研制成功，推动了深层岩体钻孔应力测量技术的发展并达到一个新的水平，目前，利用钻孔进行应力测量深度已达 5105m，国际岩石力学学会试验方法委员会于 1987 年颁布了测定岩石应力的建议方法、深孔测量应力的水压致裂法以及测量岩体应力的应力恢复测量法。我国深层钻孔的水压致裂法测量地应力的深度已超过 2000m。

（4）全景式数码摄影

1）钻孔摄像技术简介。钻孔摄像系统主要包括井下摄像头、地面控制器、传输电缆、录像机、监视器、绞车、绞架等。其摄像头内装有微型 CCD 摄像机和用于照明的特殊光源，摄像头采用高压密封技术，具有防水功能。深度传感器及深度脉冲发生器是该设备的定位装置，用于测量摄像头所处的位置。

2）前视全景钻孔电视。前视全景钻孔电视通过安装于测试探头前部的 CCD 摄像机，拍摄探头前方钻孔内的情况，探头所处的深度由位于孔口的测量轮测量，该深度值转化为数字量后再进行编码，并与 CCD 摄像机拍摄的视频图像信号同步进入动态字符叠加器中，该字符叠加器将深度数值与视频图像信号进行叠加后，以视频信号的方式输出到录像机中进行同步记录，或在显示器上进行实时监视。

前视全景钻孔电视的特点是：应用范围非常广泛，不仅可以用于各种方向的钻孔，如垂直、倾斜、水平钻孔等，而且对钻孔孔径的要求不高，最小孔径只有 25mm，最大孔径可达到 150mm；探测结果清晰直观，由于 CCD 摄像机安装于探头的前部，其观测的区域为探头前方的钻孔孔壁，因此这样的观察具有一定的空间效果，符合人类的观察习惯，更加直观、携带方便、操作简单，该设备只需进行简单连接便可直接进行操作，而且重量轻。

3）全景钻孔摄像系统。全景钻孔摄像系统由硬件和软件两大部分组成。硬件部分由全景摄像探头、图像捕获卡、深度脉冲发生器、计算机、录像机、监视器、绞车及专用电缆等组成。其中全景摄像探头是该系统的关键设备，它的内部包含有可获得全景图像的截头锥面反射镜，提供探测照明的光源，用于定位的磁性罗盘以及微型 CCD 摄像机。全景摄像探头采用了高压密封技术，因此可以在水中进行探测。深度脉冲发生器是该系统的定位设备之一，它由测量轮、光电转角编码器、深度信号采集板以及接口板组成。深度是一个数字量，它有两个作用：其一是确定探头的准确位置；其二是系统进行自动探测的控制量。

全景钻孔摄像系统的工作原理是：全景探头进入钻孔；摄像光源照明孔壁上的摄像区域；孔壁图像经锥面反射镜变换后形成全景图像；全景图像与罗盘方位图像一并进入摄像机；摄像机将摄取的图像经专用电缆传输至位于地面的视频分配器中，一路进入录像机，记录探测的全过程，另一路进入计算机内的捕获卡中进行数字化；位于绞车上的测量轮实时测量探头所处的位置，并通过接口板将深度值置于计算机内的专用端口中，由深度值控制捕获卡的捕获方式；在连续捕获方式下，全景图像被快速地还原成平面展开图，并实时地显示出来，用于现场监测；在静止捕获方式下，全景图像被快速地存储起来，用于现场的快速分析和室内的统计分析；下降探头直至整个探测结束。

软件部分包括用于现场使用的实时监视系统和用于室内处理的统计分析系统两大部分。实时监视系统用于探测过程的实时监视与实时处理，实现对各个硬件的控制，包括捕获卡、深度接口板等，实现图像的快速存储、图像的快速还原变换及显示。对探测结果的快速浏览、实时计算与分析，包括计算结构面产状、隙宽等。

统计分析系统的功能适用于室内的统计分析以及结果输出。单纯的软件系统不单独对硬件进行控制。图像数据来源于实时监视系统，优化还原变换算法，保证探测精度，具有单帧和连续播放能力。能够对图像进行处理，形成各种图像，包括图像的无缝拼接、三维钻孔岩芯图和平面展开图，具有计算与分析能力，包括计算结构面产状、隙宽等。能够对探测结果进行统计分析，并建立数据库。

3. 示踪试验

地下水示踪试验是通过向流动的上游水体（源点）注入某种便于检测（或捕获）的，且不易受到外界影响而明显衰减的物质，而后在下游水体（检测点）进行接收，从而查明地下水水力联系、岩溶水系统含水介质的特征，计算地下水实际流速以及弥散系数；结合接收点地下水流量观测，还可以计算示踪剂的回收率，进而分析判断岩溶水系统是否集中排泄，有无其他排泄通道等的一种现场试验方法。

（1）示踪剂的选择

地下水示踪试验可分为天然地下水示踪试验和人工地下水示踪试验。前者是利用天然地下水中的某些特殊组分作为监测对象，通过上下游的这种特殊组分的浓度来判断地下水源区之间的水力联系；后者是通过在地下水源区人工投放某种物质，然后在下游进行检测。由于岩溶地区天然地下水的物质组成相对比较单一，且不同岩溶地下水系统的物质组成差异不大，因此岩溶地区地下水示踪试验通常采用人工地下水示踪的方法。

按示踪剂在地下水中的可溶性可以分为不溶性示踪剂（如谷糠、孢粉、细菌、塑料花等）和可溶性示踪剂（如盐类、化学染料、放射性同位素等）两大类。

（2）宜万铁路重要水点示踪试验成果

通过对宜万铁路复杂岩溶隧道主要水点的示踪试验，可确定暗河补给水源、地下水的响应及洪峰达到与消散时间，地下水流速，地下岩溶含水介质的类型（管道、裂隙、暗河）等。宜万铁路深埋岩溶隧道区通过大量的地下水示踪试验，获得了丰富的地下水信息，为隧道岩溶水文地质评价奠定了基础。

（3）马鹿箐隧道地下水示踪试验

1）示踪试验的设计。马鹿箐隧道地下水示踪试验的目的在于验证小马滩地表水流与"PDK255+978"突水溶腔、龙潭地下暗河天窗与蝌蚪口泉群之间的关系。

2）地下水示踪试验结果及分析。经过对各监测点野外实际监测及室内检测分析整理，获得本次示踪试验的野外与室内的实测数据和电导率历时曲线、氯离子浓度历时曲线。

五、地下水长期观测

岩溶水的动态是岩溶水系统对输入信息的一种"响应"，它既受输入信息的影响，同时也受系统本身的结构、规模等各种特性的制约。通常情况下，补给来源主要为大气降水，岩溶地下水的排泄有分散流和集中排泄等多种形式。由于新建隧道附近缺乏必要的地下水动态观测资料，为了掌握工作区岩溶水的动态特征和岩溶介质场的构成特点，分析岩溶水对隧道工程的影响，在岩溶隧道勘察中，有必要选取代表性好、具有建立观测设施条件的地下水集中排泄点和部分重要河溪进行长期流量动态观测；而大气降水主要受季节影响，地下水的水位、水量、水质等随着季节变化而不同，如果仅根据某一勘测阶段所得的偶测数据去评价岩溶地下水，则会出现较大的偏差，因此，进行不少于一个水文年的观测是必要的。

1.岩溶隧道区地下水长期观测点选取

岩溶地下水长期观测的目的，主要是为确定隧道施工时的突（涌）水量，因此，长期观测点的布设必须围绕隧道工程进行，选取的观测点需具有代表性。针对宜万线岩溶隧道区的水文地质特点，岩溶水长期观测点的布设着重从以下几方面考虑：

（1）对与隧道关系密切的地下暗河、岩溶管道流的排泄点应进行长期观测，如吊岩沟隧道的猴子洞暗河、野三关隧道的4#暗河等，其径流区横穿隧道，一旦隧道施工揭穿其通道，将会产生大量的涌水。掌握其暗河地下水流量动态，可以正确预测隧道最大涌水量。

（2）对暗河系统的局部或全部在隧道涌水的水力影响范围之内的暗河排泄点需进行长期观测，如野三关隧道的5#暗河、马鹿箐隧道蚂蚁口暗河等，其补给区位于隧道附近，径流通道与隧道走向近似平行，暗河系统局部发育标高高于隧道标高，隧道涌水会袭夺其地下水，观测其暗河流量动态变化及其与降水的关系，可为分析隧道涌水提供依据。

（3）为获取隧道工程计算需要的水文地质参数或地下水水位的变化幅度，对一些大型封闭洼地的排泄点、一定区域的地下水总排泄点、隧道附近的钻孔等需进行长期观测，如八字岭隧道的牛鼻子暗河排泄点、齐岳山隧道的德胜场暗河响水洞排泄点等是代表一定区域的总排泄点，观测其流量动态变化，结合大气降水资料，可计算该地区不同时期的降水入渗系数、地下径流模数等参数；观测德胜场暗河系统钻孔的水位变化，可绘出降雨量与地下水位、地下水流量等必要的相关分析图。

（4）隧道附近，与隧道水文地质条件相似的采矿坑道，既有工程隧道等地下工程的排水量需进行长期观测，如齐岳山隧道附近的石洞子煤矿采煤坑道与设计的齐岳山隧道进口地段近似平行，标高相近，水文地质条件相似，观测其坑道涌水量可用于齐岳山隧道进口地段的工程比拟。

（5）横跨隧道上方、流经灰岩区的河流，应在横跨隧道上方的河流上下游设置观测断面，在隧道施工期间进行河流渗漏的长期观测。如野三关隧道上方的二溪河，苦桃溪等河流在隧道灰岩地段上方通过，灰岩为相对透水层，易引起地表水的渗漏，若隧道施工诱发地下水与地表水贯通，会产生隧道大量涌水的后果，因此需长期观测河水流量的变化，以便及时采取堵漏措施。

（6）对隧道施工引起环境水文地质问题的水点需进行长期观测，如大支坪隧道上方的S54#泉点，云雾山隧道上方的洞湾泉点分别是大支坪镇、白果坝乡的生活用水取水点，隧道施工一旦疏干其地下水，不但破坏水文地质环境，而且造成居民的饮水困难，将会产生严重的后果。观测这些泉点的流量变化，能为及时采取有效的防范措施提供依据。

2. 长期观测点分布及观测情况

（1）长期观测点的分布与建立。在全面搜集分析既有资料的基础上，围绕宜万铁路隧道工程建立地下水动态监测点和气象监测点，共建地下水监测点 17 处、气象观测点 3 处。为全面反映铁路隧道工程区大气降水分布特征，还对长阳高家堰、白沙驿、五桥新田水库等地方气象观测点的降水资料进行了收集。

（2）地下水点观测。各地下水点，在丰水期均采用日观，平水期、枯水期在天气晴好的情况下则 3 日观测一次，雨天仍然是日观，同时，在丰水期的中雨、大雨期选择 4 次加密观测，以便了解丰水期雨季地下水的变化特征。各地下水点均于 2004 年 8 月 31 日和 10 月 31 日完成一个水文年的观测工作。各地下水点相应开展了丰水期雨季的加密观测工作。

（3）气象点观测。在宜万铁路沿线建立了野三关、云雾山、齐岳山三个气象观测站，同时还收集了长阳县气象局、高家堰水文站、白沙驿水文站、野三关气象站、恩施气象局、见天坝水文站、利川市气象局、五桥新田水库水文站的气象和水文资料，以掌握整个监测区段的水文气象特征。气象监测点均采用重庆水文仪器厂生产的自动雨量计进行监测，观测时间为每降雨期 5min 储存及打印一个监测数据。无降雨时则 8h 打印储存 1 个数据。

3. 观测数据的整理分析

岩溶地下水长期观测点选取后，其观测数据的整理、分析及应用是非常重要的，合理的分析是有效地预测隧道涌水的重要保证。地下水动态观测数据用途较多，可掌握和了解岩溶地下水的动态特征，获得某些项目的定量数据及特定的水文地质参数。地下水动态变化数据分析主要表现在以下几个方面。

（1）降雨量分析

降雨量是预测岩溶隧道涌水量时计算降雨入渗量的一个十分重要的参数。但在降雨量的取值上存在着很大的差别，其结果也相差甚多。

《铁路工程水文地质勘察规程》（TB10049-2004）来源于地下水资源评价中用水文分析法即根据降水与地下水的联系，利用多年气象资料，通过统计方法计算地下水的天然补给量。这种方法对潜水和承压水都适用，尤其在基岩区效果更好。为了求得有较高保证率的地下水天然补给量，年降雨量（W）一般采用多年平均的年降雨量。但应用《铁路工程水文地质勘察规程》计算岩溶隧道涌水量时，降雨量值的选择应与地下水资源评价相反，应按最不利因素考虑，因为岩溶区隧道出现大的涌水或突水，多发生在雨季，尤其是在连续几天大雨或暴雨后更易发生。

西南地区的梅花山、娄山关、岩脚寨、平关几座隧道涌水都发生在雨季，而且是在几次大的降雨后发生的。

宜万铁路强岩溶化地区，降雨对地下水的补给是快速地"灌入"而不是缓慢地"渗入"。所以，为了预测可能的大降雨入渗量，应选取降雨量的较大值来预测岩溶隧道的正常涌水量及最大涌水量，若采用多年平均年降雨量的日平均降雨量来计算隧道涌水量，其结果必然偏小。

宜万铁路收集了沿线各县、市雨量站20世纪50年代以来的降雨量资料，7座隧道范围内13条地下河、1个矿山坑道、6个隧道突水点的逐日降雨量及地下水流量资料，通过对宜万铁路沿线降雨特征、降雨与岩溶地下河流量、降雨与人工坑道及隧道涌水量相关关系分析，以解决水均衡法预测岩溶隧道涌水量时降雨量参数的确定。

（2）绘制观测点流量与时间的关系曲线图

通过绘制流量与时间关系曲线图，可反映观测点的流量动态特征，进行特征值统计，如最大、最小流量，流量的衰减速度、速率、不稳定系数等。如观测时间较长（如一个水文年），可根据枯水期流量衰减曲线计算流量衰减系数，用以预报旱季的涌水量。

（3）绘制地下水流量、水位、降雨量与时间关系曲线图

绘制地下水流量、水位、降雨量与时间关系曲线图可得出地下水流量的峰值与大气降水之间的延迟关系，分析地下水的补给、径流条件；在施工排水期间，可根据各场降雨引起的泉水涨落特征，推断隧道涌水的持续时间。

（4）绘制同一暗河系统的入口与出口的流量与时间的关系曲线图

绘制同一暗河系统的入口与出口的流量与时间的关系曲线图，除可得到两者延迟关系外，还可用于分析暗河入口与出口间地段的地下水补给情况、径流特征，对通过该地段的隧道工程进行涌水预测有较好的参考依据。

4. 地下水长期观测成果

勘察期间对复杂岩溶隧道17个重要泉点、暗河出口的出水量、降雨量进行了一个水文年的长期观测。通过对降雨量及地下水水量的长期观测，确定岩溶地下水流量、动态变化特征及与降雨量的关系，计算分析降雨入渗系数、径流模数等水文地质参数，为隧道工程涌水量预测提供可靠依据。

从长观资料分析可以看出，所有岩溶水的流量动态与降雨关系密切。对降雨的反应非常敏感，一般在中雨、大雨的当天或次日地下水流量即有明显的增长，在第2天至第4天便可达到峰值，这反映了岩溶水系统补给条件良好，径流途经较通畅。变幅大，不稳定系数大，衰减速度快，反映了浅部岩溶水系统对水量的调蓄能力有限。

5. 施工阶段水文地质监测

勘察阶段通过对暗河出口、岩溶大泉的水文地质长期观测和数据分析，可提高降雨

入渗系数、径流模数等水均衡要素的取值精度，由于岩溶网络和岩溶水系统的复杂性，目前涌水量预测方法还无法对隧道内具体水点涌水量进行精确预测，在宜万铁路工程实践中，通过施工期间洞内外水文监测，提高降雨量、出水点水量、水压观测的频次和精度，运用统计学、水文地质学的方法，确定具体溶腔或管道的涌（突）水及水压动态变化特征、峰值涌水量等，并从水文地质角度提出隧道施工进出洞安全预警条件。

六、勘察方法适用条件及使用范围

深埋复杂岩溶隧道必须开展多阶段、多方法的综合工程地质勘察工作，并结合各种勘察方法的应用条件和特点进行合理组合，最终查明隧道区的工程地质及岩溶水文地质条件，各勘察方法的适用条件及使用范围总结如下：

1. 地质调绘是隧道地质勘察工作的基础，对于复杂岩溶隧道，需按水文地质单元进行 1:10 000~1:50 000 大面积水文地质调查。通过调查可确定隧道地形地貌、地层岩性、岩溶含水介质的特征及空间展布规律、岩溶含水系统的边界条件及补给、径流、排泄条件以及地下水动态特征等。

2. 不同的物探方法和手段的适用条件和使用范围不同。

（1）直流电测深适用于相对平缓的山间谷地中浅埋岩溶的勘察。

（2）高密度电法适用于埋深较浅、溶蚀规模较大的隧道勘探，或查找断层构造及裂隙破碎带。

（3）充电法主要用于测定浅埋岩溶管道的分布及地下水流向等特定的地质问题。

（4）通过对大地电磁方法的噪声干扰处理、静态效益处理，在地形校正的基础上，采用不同的大地电磁物探方法相互补充、验证，综合探查复杂岩溶隧道地层结构，地质构造。岩溶水异常地段，高频大地电磁探查效果较好。

3. 深孔钻探工作需在工程地质调绘及物探工作的基础上进行，深孔应布置在断层带、可溶岩与非可溶岩接触、大型物探异常、地层层序复杂的部位，钻孔深孔应至隧底以下 5~10m，同时，应考虑综合利用和孔内综合测试。

4. 进行勘察及施工阶段降雨量及地下水水量、水压的长期观测，对预测隧道涌水量、防范隧道施工风险、隧道结构设计具有重要意义。

5. 在地质调绘、物探、深孔钻孔及孔内测试试验及地下水长期观测的基础上，进行隧道围岩分级，确定隧道所处构造部位、断层及影响带宽度、导水性，分析岩溶发育规律、岩溶水的补给—径流—排泄条件、暗河或岩溶管道与隧道关系，预测隧道涌水量，确定洞身部位可能发生突水突泥灾害的段落等工程地质及水文地质条件。

第四节　典型岩溶隧道工程地质勘察成果

一、齐岳山隧道

齐岳山隧道全长 10523m，最大埋深 670m，全隧道处于单面坡（下坡）。隧道穿越齐岳山背斜、箭竹溪向斜及 15 条断层。隧道区发育 3 条暗河。二叠系茅口组、吴家坪组、长兴组及三叠系大冶组、嘉陵江组的碳酸盐岩地层与三叠系巴东组碎屑岩夹碳酸盐岩地层，穿越碳酸盐岩地层长 4.873km，约占隧道长度的 46.3%，碎屑岩地层主要位于得胜场槽谷以西。区内地下水主要有两种类型，东部可溶岩地层以碳酸盐岩类裂隙溶洞水为主，西部碎屑岩以裂隙孔隙水为主。受背斜和断层控制以及非可溶岩的阻隔，区内形成了山地背斜两翼斜坡分流、顺层富集、纵向槽谷管道流集中排水的岩溶水运移模式。

1. 隧道区发育有 3 条暗河系统，其中发育在得胜场槽谷的得胜场暗河规模最大，对隧道的影响也最大。

得胜场槽谷位于齐岳山背斜西翼，顺岩性界面发育，呈狭长带状展布。从槽谷自身的分水岭（西流水），循构造线方向北延至横向切割构造线的石芦河，其长近 68km。槽谷东侧为碳酸盐岩组成的台原和斜坡，西侧为 T_2b 碎屑岩组成的山地。从特征差异可区划成两段。

西流水—响水洞段：被槽谷自身南部分水岭、东侧台原山地、西侧山地脊垄三向合围，只北侧敞开。敞开缺口处即德胜场暗河的出口，合围的范围即该暗河发育的场所，纵长 30km，受汇面积 95km²。

响水洞—石芦河段：整体上仍是槽谷，但间互被横向溪沟切穿西侧碎屑岩的脊垄，成为地表运流和地下岩溶泉水排泄缺口，构成横向开口式的槽谷。该段槽谷东侧汇水面积约 80km²。

德胜场暗河补给来源共有两部分：

（1）槽谷汇水区的大气降雨直接补给暗河；

（2）台原区降雨入渗，汇入垄脊槽谷，通过横向裂隙或横向管道流，汇流德胜场槽谷，补给暗河。

分析认为，唐家坝出水点标高不在统一的梯度范围内，即属暗河上层水。响水洞则主要为下层暗河的出口，因此隧道轴附近存在两层岩溶水管道流，推测它们在隧轴位可能出现的标高。

因此，西流水—响水洞段可能存在两个不同高程的地下管道流，它们按照各自的梯度向排泄点运移。根据对天阴桥和响水洞的流量长期观测结果的对应关系分析，这种可能性也是存在的。

根据得胜场槽谷的深孔钻探及测试资料分析：

（1）充水岩溶管道发育标高为 1302~1297m，与推测上层岩溶管道流标高（1302m）接近。1297~1114m 标高段为溶隙充水，而较密集者分布在 1219~1114m 的标高段，应与推测的第二充水层（1113m 标高段）相当。

（2）溶隙充水段发育管道流的可能性是存在的。

（3）第二充水层以下，属溶孔—小溶隙型充水，推测可达 1015m 标高或更深，归第三含水层。

隧道洞身标高 1070m，隧道在得胜场槽谷主要位于第三含水层，及溶孔—小溶隙型充水层一般出水点多且分散，以渗水、喷雾式（针孔状、笔管状、缝隙状）射水等形式涌水，单点涌水量不大，但不排除个别较大的裂隙（溶隙）与上层勾通，形成局部单管式的顺畅联系通道。上述涌水初期其涌水量和水压都较小，处理难度相对较小，若任其排放，随着渗水和泥沙大量带出不断疏导管道，不断向上部扩展、勾通，则涌水量迅速增大，泥沙补给源增多，可能酿成地质灾害，处理难度也增大。

2. 齐岳山隧道共发育 15 条断层，其中碳酸盐岩地层中发育有 11 条断层，这些断层的稳定性差，易引起隧道洞顶坍塌。更重要的是，由于断层的存在，岩体破碎，为地下水的运移提供了良好的通道，为岩溶向深部发育创造了条件。

3. 突涌水突泥是本隧道施工存在的最主要地质问题，预测在断层处、齐岳山背斜核部、得胜场槽谷及大冶组二、三段层间岩溶管道及长兴组底部，即长兴组与吴家坪组接触带等地段最为突出，可能发生大规模突水突泥，引发重大环境地质灾害。必须采取各种封堵、排水、防渗等措施，同时由于外水压力大，应加强隧道的抗水压衬砌，在施工阶段强化超前预报，确保施工安全，并制定好灾害处理的预案。

预测隧道的最大涌水量为 746902m³/d，正常涌水量为 177298 m³/d。

根据钻探及调查资料分析，得胜场槽谷地段隧道洞身以上的地下水头高约230~250m，在背斜核部地段隧道洞身以上的地下水头高 300~400m。

4. 根据各项调查资料，齐岳山隧道 3 次穿越二叠系吴家坪组煤系地层，施工中应采取各种措施，确保安全。同时加强监测，采用超前预报准确查明其位置、危害程度，确定相应的工程措施。

二、别岩槽隧道

别岩槽隧道全长3721m，洞身最大埋深530m，全隧道处于单面下坡。隧道主要穿越三叠系嘉陵江组，大冶组碳酸盐岩及三叠系巴东组、须家河组、侏罗系珍珠冲组、自流井组、新田沟组、下沙溪庙组碎屑岩，其中可溶岩占整个隧道的67%。隧道穿越方斗山背斜和茨竹塘区域断裂。受背斜和断层控制，测区内形成背斜垄脊和碎屑岩山脊分流排水、纵向槽谷及岩溶洼地汇水，顺层形成管道流、集中排泄的岩溶水运移模式。

1. 区内发育庙坪暗河和盐井暗河，其中，盐井暗河对隧道无影响。庙坪暗河在隧道出口右侧约50m处，出口标高比隧道出口低8m。该暗河未见明显入口，起源于茨竹埂洼地。主要汇集洼地的大气降水以及背斜核部台地的地下水通过横向裂隙或横向管道流汇入茨竹坯槽谷，地下水在槽谷沿茨竹埂断裂和岩层面做纵向运移，汇集在马家湾大型洼地，暗河主通道再沿横张节理以及茨竹埂断裂的次一级断裂——水塘沟断裂向西，在隧道右侧的凹槽处排出地表，全长约8km，平均水力坡度为26%。测得最大流量为1 152L/s。

2. 在茨竹坪槽谷发育茨竹塘区域断裂，区域上延伸方向为NE—SW向，倾角50° ~75° 。根据地质调绘资料，该断裂带在隧道地表的出露位置为DK404+400~+440，走向约50° ，倾向约140° ，倾角约65° ~75° ，厚度约40m，主要由碎裂岩，角砾岩，断层泥及挤压透镜体构成。在茨竹埂槽谷处岩溶发育的深度大，隧道施工时（隧道洞身的埋深约370m）可能通过各种岩溶管道、溶隙和溶孔大量涌入隧道，造成大规模涌突水突泥，在施工中应引起高度重视。

3. 突水突泥、暗河改道是隧道施工可能遭遇的最主要地质问题，分析认为在茨竹埂区域断裂附近即茨竹墙洼地、嘉陵江组与大冶组接触面附近、背斜核部、断裂附近可能发生大规模的涌突水突泥。在茨竹垭断裂和茨竹垭槽谷地段，暗河可能通过各种通道进入隧道，而在出口附近（DK406+300~+700），庙坪暗河位于隧道右侧不远处，暗河水可能通过断裂或层间通道涌入隧道，改变暗河的排泄方式，成为地下水的排泄通道，引发大规模涌水。必须采用全断面超前封闭止水，做好排水、防渗等措施，加强超前预测预报，并制定好灾害处理的各种预案措施。

预测隧道的最大涌水量为286378m^3/d，正常涌水量为55681m^3/d。

根据钻探和调查资料，茨竹坪槽谷地段隧道上方地下水头高160m左右，在背斜核部隧道上方地下水头高约200m。隧道在DK406+440附近的地下水头高约40m。

4. 在须家河组的顶部、底部以及珍珠冲组的底部有多层炭质页岩或煤线，在长期封闭状态下，存在一定量的瓦斯富集，隧道在开挖过程中通过上述地层时，可能遭遇有害气体，它会毒害人的身体，甚至引起燃烧和爆炸，造成严重事故。施工中应加强监测，并加大通风强度，根据监测成果，采取相应工程措施，确保人员及机具安全。另外，在以往的隧道施工还遇到黑色页岩层中同样会出现瓦斯的现象，如本隧道穿越的珍珠冲、自流井组地层中也要提防类似情况的发生，加强监测及通风，切不可轻视。

5. 别岩槽隧道周围有乌龙池、养马池、茨竹垭等海相上组合圈闭，别岩槽隧道从养马池圈闭构造上部通过。根据中国石化江汉油田分公司勘探开发研究院完成的《宜万铁路新建工程天然气影响评价报告》的结论：别岩槽隧道不会受到附近地下圈闭中天然气的影响，但施工中应注意可能存在的浅层天然气。在施工中应加强通风及监测，根据监测结果，采取相应工程措施。

6. 在须家河组底部和顶部、珍珠冲组底部含煤地段的地下水一般具硫酸根离子的弱侵蚀性，应采取水样进行化验，确定其侵蚀性，根据化验结果采取相应的工程措施。

第五章 水利水电岩溶工程地质勘察方法

岩溶又称作喀斯特地貌，是一种在特殊地质条件下形成的地质特征，在进行工程建设的初期，必须要做好工程地质勘察工作。从目前的情况分析，我国岩溶地区存在着较大的未知性和不稳定性，因此也就给岩溶地区的地质勘察工作带来了困难，因此，就需要相关工作者加大研究力度，解决这一问题。本章就主要对水利水电岩溶工程地质勘察方法进行了简要分析。

第一节 主要岩溶工程地质问题

一、水库岩溶工程地质问题

岩溶工程地质问题是岩溶地区水库工程最主要的工程地质问题之一，涉及水库岩溶渗漏、水库岩溶塌陷、水库岩溶诱发地震、岩溶水库浸没等。

1. 水库岩溶渗漏

水库岩溶渗漏是指水库蓄水后库水沿强岩溶化透水地层中的岩溶管道、溶蚀空缝、溶缝等向水库两岸分水岭外低邻谷漏失或通过水库库首一带河间地块向下游支流、干流的漏失。水库岩溶渗漏直接影响水库的正常功能及经济社会效益，还可能影响与水库相关的工程建筑物的安全及产生一系列环境问题、地质灾害等。

可能产生水库岩溶渗漏的基本条件分别有以下几种情况。

（1）水库两岸河谷及分水岭地区岩溶发育强烈，尤其是分水岭地区岩溶发育强烈。

（2）有与低邻谷相贯通的岩溶管道系统，或透水性较好的大型断裂破碎带。

（3）河间（湾）地带无地下分水岭存在或虽存在地下分水岭但低于水库正常蓄水位。

（4）可溶岩透水性强或存在强透水带（溶缝溶隙、岩溶管道等）。

（5）库岸及分水岭地区无隔水层或相对隔水层分布，或虽有隔水层分布，但已受构造或岩溶破坏失去隔水作用。

国内水库岩溶渗漏典型者如礼河水槽子水库邻谷渗漏、猫跳河4级岩溶渗漏等。猫跳河 4 级窄巷口水电站位于乌江右岸一级支流猫跳河下游，处于深山峡谷及岩溶强烈发育区。该水电站水库库容 $7.08 \times 108m^3$，多年平均流量 $44.9m^3/s$，引用流量 $96.9m^3/s$，该电站在勘测阶段，由于受勘探技术手段和勘探时间的限制，对发育复杂的岩溶问题未能完全查明。在施工阶段，由于各种原因未能完成设计的防渗面貌，且大部分是在蓄水后甚至在蓄水情况下以会战的形式完成的，以及当时的施工技术、建筑材料和施工时间的限制等，造成电站建成后水库岩溶渗漏严重，初期渗漏量约 $20m^3/s$，约占多年平均径流量的 45%，经 1972 年和 1980 年两次库内堵洞渗漏处理取得一定效果，但渗漏量仍为 $17m^3/s$ 左右。

电站运行以来，贵阳院为了查明深岩溶渗漏问题，于 1980 年起至 2009 年，历时近30 年，多次补充进行了大量的地质勘探工作，并随着勘探技术、手段的不断进步，基本查清了该电站左坝肩渗漏特征及主要渗漏通道，提出了集中封堵与分散灌浆方式相结合的处理方案。2009 年，业主按贵阳院提出的处理方案，对主要渗漏带及渗漏通道进行了分期治理，至 2012 年 5 月，下游渗漏量的监测数据表明，水库高水位时（1091.5m）其渗漏量仅为 $1.54m^3/s$，且主要来水以左岸山体天然地下水补给为主。总体上，防渗处理效果较好。

2. 水库岩溶塌陷

水库岩溶塌陷是指在水库蓄水后，库岸可溶岩中溶洞、岩溶管道、溶隙上方的岩土体新发生的变形破坏，并在地表形成塌陷坑的岩溶动力作用（库水与岸坡地下水压力、渗透力、岩土软化、潜蚀冲刷、负压吸蚀、气水冲爆等作用）现象。按塌陷体物质组成可分为土层（覆盖层）塌陷、基岩塌陷、土石混合塌陷 3 类。岩溶塌陷是岩溶水库主要的环境地质灾害之一，水库岩溶塌陷后改变了库岸原边坡稳定条件及地下水径流通道，可能连锁引起库岸边坡稳定问题、水库渗漏问题、诱发地震等。大部分发生塌陷的工程都伴随有渗漏发生，水库塌陷可以导致水库产生严重渗漏，使水库成为干库。如果岩溶塌陷发生在坝基或建筑物部位，则直接威胁建筑物稳定安全，有的还造成建筑物的失事。水库岩溶塌陷是地质因素与库水和地下水作用的综合结果，库水及地下水流活动、岩溶洞隙、一定厚度的盖层是水库岩溶塌陷的 3 个基本条件，其中地表及地下水流活动是水库岩溶塌陷的主要动力，岩溶洞隙是塌陷产生的基础地质条件（产生塌陷的岩溶形成落水洞、竖井、漏斗和溶洞暗河等），较松散破碎的盖层（抗压、抗渗、抗冲击强度低）是塌陷体的主要组成部分。国内发生水库岩溶塌陷典型者如山东尼山水库、河北徐水县岩溶水库渗漏塌陷、湖南益阳松塘水库岩溶塌陷等。

3. 水库岩溶诱发地震

水库诱发地震是人类开发水力资源工程活动中出现的地震现象，多伴随水库的蓄水过程发生。岩溶地区水库诱发地震的成因类型大致可以分为构造型、重力型和岩溶型三类。根据已建发生诱发地震的水库地质条件综合分析、研究与总结，岩溶地区水库有发生诱发地震的频率较高、震中大多与岩溶分布有关、震级较小、多属震群型系列、无明显主震、衰减慢、发震强度与坝高及库容关系不明显等特点。水库诱发地震可能直接损坏枢纽区及临近区建筑物，造成经济损失，改变水库库岸边坡稳定条件而引起库岸边坡稳定问题。国内外已有若干水电水利工程诱发过水库地震。1945 年美国卡德尔首先提出水库诱发地震问题，20 世纪 50 年代末与 60 代初，世界上发生了赞比亚与津巴布韦边界的卡巴里、中国新丰江、印度柯依那和希腊的克里马 4 次 6 级以上的水库诱发地震，造成严重的破坏，人们才开始系统研究水库地震。2000 年以后，处于岩溶地区的贵州乌江、北盘江干流先后建成了乌江渡、洪家渡、索风营、光照、董箐等一大批高坝大库，其中乌江渡、光照、董箐等在水库蓄水后不同程度地发生过水库地震，震级高者如乌江渡、光照等已超过 4 级。

光照水库从 2007 年 7 月下闸蓄水前即开始观测，至 2012 年 9 月，在 5 年时间内，水库区及邻近区域共监测到地震约 7584 次，大于 3 级者约 26 次，最高震级 4 级，发震高峰期为 2008 年 7 月至 2008 年 11 月间，即蓄水后的第一个汛期内。之后至 2010 年 10 月仍有较高的发震频率，2010 年 11 月后发震频率开始衰减，2012 年汛期，受区域降雨影响较大，水库地震在汛期略有增加。另外，水库地震的深度主要集中在 25km 范围内，深部地震主要为区域地震，与我国同期国内地震（汶川等）活跃期基本一致。

4. 岩溶水库浸没

岩溶水库浸没是指水库蓄水后库水沿岩溶空隙（溶洞、溶管、溶隙）渗漏至库岸低于水库正常蓄水位的低矮洼地形成的淹没与浸没，或邻近水库岩溶洼地虽高于水库正常蓄水位，但水库蓄水后抬高了岸坡地下水位，极大地改变了岩溶地下水的原始水动力条件，导致原通道排泄不畅或堵塞原排泄通道，从而引起洼地地下水与地表水壅高至产生淹没与浸没现象。水库岩溶淹没与浸没将淹没农田、房屋及产生内涝，造成岩溶洼地内淹没与浸没区居民财产损失及生活困难，对低于水库正常蓄水位洼地淹没与浸没需移民搬迁，而对于高于水库正常蓄水位排泄不畅或堵塞型岩溶洼地淹没与浸没，则视疏排难度可进行疏排处理。

国内典型的岩溶水库浸没问题当数岩滩水库。1992 年蓄水后，库水抬升，板文地下暗河地下水排泄受阻。右岸巴纳、拉平一带的岩溶槽谷在雨季发生较严重的内涝问题，淹没了部分农田，造成了一定的经济损失，给当地农民生活带来了困难。最终采用设排洪洞的方法解决了该内涝问题。

二、坝区岩溶工程地质问题

岩溶地区坝区主要存在的工程地质问题有坝基及绕坝渗漏、岩溶坝基稳定、边坡稳定问题等。

1. 岩溶地区坝基及绕坝渗漏问题

岩溶地区坝基渗漏是指水库蓄水后，库水沿坝基以下至饱水带上部的岩溶化透水岩体发生向下游的渗漏，绕坝渗漏是指水库蓄水后，库水由坝肩岩溶化透水岩体向下游渗漏。产生坝基与绕坝渗漏的结果导致损失水量和渗透变形，甚至影响相邻建筑物边坡的变形失稳。因此，坝基及绕坝渗漏是岩溶地区建坝普遍存在的问题。

广西拔贡电站，位于龙江中上游河池市境，是修建在岩溶地区的一座小型水电站，1972 年建成。电站装机 8MW，坝高 26.2m，为支墩平板坝。坝基坐落在石炭系中统黄龙组（Czh）灰黑色薄层含硅质条带的灰岩夹灰色中厚层灰岩和白云质灰岩上，岩溶十分发育，河床及岸坡均有溶洞、漏斗及落水洞分布。由于未作防渗处理，水库蓄水一开始在主河槽的坝下就出现浑水，接着发展到涌沙，同时坝前出现漩涡，导致覆盖层多处被击穿而露出漏水洞。左、右两岸也渗入多处漏水洞并顺坝基下部断层溶蚀带与层间溶蚀带渗至坝下游。整个坝区普遍发生严重渗漏，几年来坝前库底发生漏水洞 22 个，坝下的出水点 11 个。由于勘测阶段未进行详细勘探研究工作，也未做防渗处理，水库蓄水后发生坝基严重渗漏，最大漏水量达 23m³/s，是该坝址处最小流量的 1.8 倍。

2. 岩溶坝基稳定问题

岩溶化坝基岩体内发育的岩溶洞隙，可能为空洞、空隙或充填黏土与碎块石等，结构松散、强度软弱，是一种不均质的、各向异性的岩体，这些岩溶洞隙对坝基稳定和变形存在严重的影响：由于岩溶洞隙的发育，影响坝基岩体的整体稳定性；由于在洞穴、溶蚀裂隙或溶蚀夹层中充填黏土夹碎块石，构成地下临空空间或软弱结构面，影响坝基的变形和抗滑稳定。具体表现为以下方面：

（1）降低坝基岩体承载力。坝基岩体中存在洞隙时，会导致岩体承载力降低。其承载力大小取决于充填物的性质和密实度等。如重庆隘口水电站河床坝基存在顺河向长 228m、宽 8~64m、最大深度达 16.5m 的深蚀深槽，其充填物结构松散、性状差、承载力低，不能作为坝基持力层。又如广东北江白石窑水电站的低水头闸坝，泄水闸地基有 4 个深大溶槽，开口总宽近百米，最深处高程为 −8m。溶洞充填物自上而下为砂卵砾石、黏土夹灰岩碎块且有石芽、石柱、石墙出露。基坑内泉眼多、涌水大，坝基岩体多为泥包石、石包泥结构，承载力极低。

当存在隐伏溶洞时，由顶板厚度决定岩体承载力大小。如重庆芙蓉江江口水电站大坝为双曲拱坝，最大坝高141m，该工程在大坝6号坝段帷幕灌浆时，在孔深60m左右遇到特大溶洞，溶洞最大高度63m，包括4.8m空腔、砂层42.4m、泥层10.8m。溶洞顶板岩体厚60m。

（2）产生不均匀变形。坝基岩体的岩溶洞隙发育，由于无充填或充填物软弱，变形模量低，引起建筑物地基的不均匀变形。如美国的奥斯汀坝，坝高20.7m，坝基石灰岩受构造破坏，岩溶发育十分强烈，由于坝基岩体承受不了坝的压应力，导致不均匀沉降，1892年建成后，1893年坝体就产生裂缝，当时并未引起重视，1920年一场洪水致使大坝被完全破坏。又如我国湖南澧水三江口水电站，最大坝高31m，河水位高程54m，坝基为嘉陵江组灰岩，岩溶十分发育，强溶蚀带下限高程至-114.73m，低于现今河水面168.73m。左岸有6个坝段完全建在岩溶"石夹泥"或"泥包石"之类的块屑型地基上，使坝基压应力控制在不大于0.4MPa的范围内。

（3）产生洞穴临空滑移与压缩变形。坝基或坝肩附近存在的岩溶洞隙，形成临空空间，对坝基（肩）抗滑稳定带来一定影响。如贵州格里桥水电站右岸帷幕线底层廊道施工中发现一大型早期空洞，距坝肩30m左右，经有限元计算对重力坝变形稳定仍有一定影响。

（4）产生岩溶溶隙或管道型集中渗漏与高扬压力。洞隙的发育程度、规模、充填与否直接影响渗漏量的大小。集中渗漏水头损失小，一旦在坝基帷幕后发生，其产生的扬压力亦高。

（5）产生渗透破坏。坝基的洞穴、溶隙充填物和各种溶蚀夹泥带等，多为红黏土或红黏土夹碎块石，结构松散、架空多，有时还含有易溶盐等，抗渗比降小，在库水压力作用下，会产生管涌、流土和接触冲刷等机械渗透变形，易溶盐被溶解会产生化学渗透变形。渗透变形进一步发展成渗漏冲刷破坏。大坝建于岩溶主管道上，建成后地下水通道被封堵壅高，产生岩溶管道水顶托导致地基抬升或变形等。如湖南澧水支流溇水江垭水电站，大坝为混凝土重力坝，坝高131m，库坝区均建于灰岩地区，大坝建成蓄水后即出现大坝及近坝山体抬升，坝基最大抬升32.4mm，近坝山体最大抬升12.1mm。

（6）对坝基施工影响。坝基建基面上的岩溶洞穴、强岩溶层（带）及溶隙等充填不密实或下方隐伏空洞，开挖后受震动和基坑浸泡而塌陷；另外，沿层面、断层、裂隙等溶蚀发育纵向或斜向管道出现大量集中涌水、涌泥，给施工带来困难。

3.边坡稳定问题

岩溶地区边坡因缓倾角溶蚀带、层面溶蚀带存在，大大降低了顺向坡结构的边坡稳定性。如贵州松桃盐井水库工程，左坝肩下游侧开挖边坡为顺向坡，岩层倾角37°，开挖揭露顺层面的溶蚀夹泥层发育，多呈软塑状，强度低，开挖后出现以溶蚀夹泥层面为底滑面的滑动破坏。

第二节　岩溶工程地质勘察方法与技术

岩溶地区水利水电工程地质勘察的目的是了解或查明水库及建筑物区的岩溶水文地质条件，为水电工程可能出现的岩溶渗漏、围岩稳定、岩溶涌水及外水压力、岩溶环境地质问题、坝基抗滑稳定等问题的论证、评价和处理提供相应的岩溶及水文地质资料。主要采用的勘察方法有地质调查与测绘、钻探、物探、水文地质测试与观测、水化学试验、示踪试验等。

一、地质调查

地质调查工作是水文地质、工程地质勘察中最基本的一项现场地质资料收集复核工作，它贯穿于勘察的全过程。

（一）岩溶发育的标志识别

岩溶发育的影响因素较多，最主要的有地形地貌、地层岩性、地质构造、水文气象、水文地质条件等，在这些因素共同作用下，促进了岩溶地质作用的形成，它是一个以碳酸盐岩的化学溶解作用和物理破坏作用为主的缓慢溶蚀过程，在这一漫长的地质作用过程中，也必将不断对原有地形地貌、水文地质条件发生影响和改变，并形成了一整套特殊的岩溶化地形地貌标志性影响，这也是我们宏观上判断岩溶发育程度的直接识别标志。

1.岩溶槽谷、岩溶盆地、岩溶洼地、岩溶漏斗等岩溶地形地貌形态的发育程度与其下部的岩溶洞穴发育成正比。岩溶槽谷、盆地、洼地、漏斗等在地表的发育分布，其实质是促进了地表水的集中下渗，促进岩溶系统向下部的竖直发育，常形成竖管状深落水洞、地下暗河天窗等地表水入渗通道，是岩溶地下水的补给区，并在其下部的一定溶蚀基准面附近汇流成地下暗河系统排泄出地表。

2.地表水系形成盲谷或部分伏流。在地表水系的径流过程中，在流经了岩溶发育区地段后，当地表水系流量明显减小甚至变成盲谷后，说明该区段内地下水岩溶暗河系统极为发育，有地表水入渗通道，是岩溶地下水的补给区，且水流顺畅，排泄能力强。

3.岩溶洞穴、地下暗河出口及岩溶泉水的分布出现，也是岩溶发育的直接标志。并且，根据对岩溶洞穴的进一步调查，如洞内水流情况、动植物分布情况、洞穴内充填物情况等，可分析洞穴的发育历史，确定岩溶所处的发育阶段。

地下暗河出口及岩溶泉水的发育和分布情况，不仅可分析该地表河段的河谷地下水动力条件类型、分析地下水分水岭高程，还可根据水量、水温、水质的变化情况，分析判明地下水的补给源情况，如补给水源水质，径流途径及埋藏基本情况，为判断水库渗漏及防渗处理提供依据。

（二）地质测绘工作确定原则

地质测绘工作确定的原则主要包括有：测绘的范围和比例尺，测绘的精度要求，测绘、填图单位及测绘野外记录要求几个部分。

1.测绘的范围和比例尺确定

（1）水库区。测绘和调查的范围应包括拟建水库河床、河岸、水库至低岭谷（含地下水位低于水库正常蓄水位的相邻低谷、低地）、水库至坝下游河段的地段、库首或可疑渗漏地段以及可能发生岩溶浸没、内涝的岩溶盆地、洼地、槽谷地区。

综合性勘察测绘工作应结合水库区的工程地质测绘进行，测绘比例尺可选用1：50000~1：10000，通过测绘，确定可能产生渗漏地段和可能产生浸没性内涝地段。库首地段和专门性勘察的测绘比例尺可选用1：10000~1：2000。

（2）坝址区。测绘与调查范围应根据研究渗漏、渗透稳定及工程处理方案的需要确定。包括可能用作防渗的相对隔水层分布地段或两岸地下水位相当于正常蓄水位的地段。调查范围应大于测绘范围，包括坝址区附近的岩溶泉出露地段以及河谷岸坡至分水岭间的岩溶发育地段。

综合性测绘的比例尺可选用1：5000~1：2000，专门性测绘的比例尺可选用1：2000~1：1000。

（3）隧洞区。地下引水线路的测绘和调查的范围应包括各比较线路及其两侧各500~1000m宽的地带。当岩溶水文地质条件对隧洞或地下厂房工程地质问题的判断较为关键，需要查明补给区或排泄区、深部岩溶发育情况时，测绘和调查的范围应适当扩大。建筑物区的测绘和调查范围应包括各比较方案及其配套建筑物布置地段。

隧洞线路的测绘比例尺一般选用1：25000~1：10000，地下厂房和建筑物区的测绘比例尺可选用1：5000~1：2000。隧洞进出口地段、傍山浅埋段、支沟段以及地质条件复杂、岩溶发育的地段均应进行专门性工程地质测绘，比例尺可选用1：2000~1：1000。

2.测绘的精度要求

（1）岩溶水文地质测绘使用的地形图必须是符合精度要求的同等或大于地质测绘比例尺的地形图。当采用大于地质测绘比例尺的地形图时，需在图上注明实际的地质测绘比例尺。

（2）在地质测绘过程中，对相当于测绘比例尺图上宽度大于 2mm 的地质现象，均应进行测绘并标绘在地质图上。对于评价工程地质条件或水文地质条件有重要意义的地质现象，即使图上宽度不足 2mm，也应在图上扩大比例标示，并注明实际数据。

（3）为了保证地质测绘中对地质现象观察描述的详细程度，通常也采用单位面积上地质点的数量和观察线的长度来控制测绘精度。一般要求图上每 4cm² 范围内有一个地质点，地质点间距为相应比例尺图上 2~3cm。地质点的分布不一定是均匀的，工程地质条件复杂的部位应多一些，而简单的地段可相对稀疏一些。

为了保证精度，在任何比例尺地质图上，界线误差不得超过 2mm，因此，在地质测绘过程中，应注意对地质点及地质现象的精确定位。

3.野外测绘记录要求

（1）野外测绘记录包括地质点描述、照片或素描及原始图件，要求资料真实、准确、完整、相互印证、配套。

（2）凡图上表示的地质现象，都应有记录可查，对溶洞、暗河、泉水等重点岩溶水文地质现象的记录更应全面，要有量化记录。

（3）地质点的描述应在现场进行，并注意点间的描述和分析，内容全面、重点突出，对重要地质现象辅以照片、素描进行说明。

（4）地质点应统一编号，采用专用卡片或电子记录，并妥善保存。

（三）地质测绘应注意的岩溶水文地质问题

在岩溶地区进行工程地质测绘工作中，除了重视对地层岩性、地质构造、物理地质现象等进行观察描述和准确定位外，对遇到的一些岩溶水文地质现象的观测和量化描述以及由此所涉及的岩溶水文地质问题更应引起重视。

1.重视对岩溶水文地质岩组的划分。在可溶岩分布区，由于岩石化学组分的差异，便形成了不同岩溶化程度的岩组，划分出了强岩溶化透水层、中等岩溶化透水层、弱岩溶化透水层和相对隔水层或隔水层岩组。进一步追踪调查研究隔水层或相对隔水层岩组的厚度以及对水库或坝基的封闭完整可靠性。在此基础上便可宏观地判断出水库区、坝址区的岩溶发育和渗漏的可能性。

2.重视对地形地貌的研究。在岩溶发育的地区，往往会在地表形成一些特殊的地形地貌形态。如调查有无低邻谷，是否为河湾地形，有无单薄分水岭，低垭口和坝址是否位于河谷地貌裂点上。地表岩溶盆地、洼地、落水洞、漏斗、暗河天窗、典型溶洞及溶蚀裂缝等的发育分布情况，一般情况下，在低邻谷地形、河湾地形在无地下水分水岭和相对隔水层封闭的情况下，可形成排泄型河谷水动力条件，水库建成后，将可能产生向低邻谷或河湾下游的渗漏；在河谷纵向上形成急滩、裂点的河段，往往在裂点以上一定距离的范围内，河谷为排泄型水动力类型，则往往有通向裂点、河湾下游的岩溶管道、岩溶裂隙发育，使库水补给地下水，地下水又向下游排泄，产生水库渗漏；在地质测绘中，对岩溶洼地、落水洞、漏斗、暗河天窗、典型溶洞、溶蚀裂缝等微地貌的分析研究，可以寻找地下岩溶洞穴和暗河的大致发育位置和地下水的排泄方向。此种分析方法即洼地分析法，此方法适合于没有地表水系与盲谷的地区。即：在一般情况下，多个串联的洼地底部有岩溶洞穴或暗河发育，可在地形图上绘出洼地底部等高线。V字形等高线敞开的方向，一般是地下水的排泄方向；多条V字形脊线的连线通常就是地下水系流经的路线。

　　3. 重视对地表水系、地下水泉井、暗河及岩溶洞穴、洼地消水积水痕迹的调查研究。在岩溶地区，地表水系的发育与径流有时也会因为岩溶发育程度的不同而改变。如在地表水系的干流段，河谷下切深，地区岩溶地下水的排泄基准面低，河谷水动力条件多属补给型，分水岭也相当雄厚，一般不存在大范围向邻谷的渗漏问题。要注意两岸是否有过境水流潜入可溶岩体，岩溶地层中地下水渗流集中的部位往往是岩溶最发育、贯通性最长、易成为渗漏的通道。因此，在进行地质测绘时，应注意有无地表水集中潜入的地区，甚至可使地表水系全部潜入地下而形成盲谷。在地质测绘中，应注意两岸有无可靠的岩溶泉水出露，若两岸存在可靠的岩溶泉水，表明河谷水动力类型为补给型，河床及两岸岩溶化程度较低，不会出现大范围的岩溶渗漏。反之，则可能属于排泄型河谷水动力类型，预示着两岸或某一岸岩溶化程度较高。

　　对于地下泉井、暗河出水点应进行仔细描述和长期观测，如出露位置、流量大小、水温、水质随季度的变化情况等，以便进一步研究其补给源及给渗透途径提供分析依据。在遇到大型岩溶洞穴时，还应做专门的岩溶洞穴测绘调查工作。主要应包括出露位置、各断面形态、规模及发育方向、所在层位、岩性和构造情况。水流特征包括最高和最低水位、水深、流速、流量、流向、水温、水质以及跌水情况。洞内洞温、湿度及空气流通情况以及洞内填充物情况等重要内容。在对岩溶洼地、消水洞等的入渗通道调查时，应重点调查汇水面积，补充源情况，最大跌水深度及排泄通畅情况。

二、勘探及试验

（一）钻探

钻孔是获取地面以下一定深度范围内地层岩性、地质构造及岩溶水文地质资料的重要手段。钻孔不但可以进行岩性分层、划分出隔水层与含水层的埋藏情况，探查岩溶洞穴的分布高程和边界形态、规模及充填物性状，还可以进行各种水文地质试验、钻孔物探测试工作及地下水位长期观测工作等，达到一孔多用的目的。

钻孔布置原则：岩溶地区的钻孔布置除应满足一般地区现有规程规范对不同勘察阶段勘察深度的要求外，应着重根据解决岩溶工程地质问题的需要而进行专门布置。在预可阶段，应以工程地质条件的定性评价为目的，可研（或初设）阶段则以工程地质条件和工程地质问题的定量评价为主要目的。因此，从预可阶段到可研阶段，勘探钻孔总体布置由线状到网状，勘察范围由大到小，钻孔间距由稀到密。在基本地质资料较少的情况下，一般可做面状布孔，以控制面向的岩溶发育情况；对未查明主要建筑物基础下的岩溶，则应有目的地布置一些专门性钻孔。

1. 分水岭钻孔

在可溶岩区进行水库渗漏勘察论证时，除了重视对可溶岩层中所夹的隔水或相对隔水岩组的勘察研究外，对两岸岸坡特别是分水岭地段的地下水位高程的勘察研究也是不可或缺的主要研究内容。因此，在无可靠隔水层或相对隔水层封闭的低邻谷河段建库时，一般均应布置分水岭钻孔，以查明岩溶发育程度、岩体透水性状及地下水位分布高程等重要地质基础资料。

（1）应根据可疑渗漏库段的范围和条件的复杂程度，每段布置1~3条勘探剖面。勘探剖面应大致与地下水补给、排泄方向一致，并结合可能的防渗处理方案布置。

（2）钻孔宜布置在分水岭勘探剖面线上，每条勘探剖面上不宜少于2个钻孔。

（3）以查明地下水位为主要目的的钻孔应进入最低地下水位以下不小于10m，其中部分钻孔应进入岩溶弱发育带顶板以下不小于10m。以查明岩层界限或断层切割情况为主要目的的钻孔应穿过目标层（带）不小于10m。以查明岩溶垂向发育深度为主要目的的钻孔，应穿过水库区最低侵蚀基准面以下不小于10m。

2. 坝址钻孔

岩溶河段大坝坝址区钻孔的布置原则主要应在以满足现有规程规范要求的前提下，根据勘探揭露出的岩溶水文地质条件和存在的工程地质问题做专门性的钻孔布置查明。

（1）勘探控制范围应能满足渗漏、渗透稳定及工程处理方案的需要。选定的工程处理方案上要有足够的勘探资料查明其水文地质、工程地质条件。

（2）勘探剖面应根据地质条件、建筑物特点和防渗要求布置。对选定的坝址，横剖面不得少于3条，并布置在选定的坝轴线及其上、下游；在平行河流的纵剖面上，勘探剖面应视河床宽窄而定，一般不小于3条，岸坡和河床都应有勘探剖面控制，剖面间距可根据勘察阶段深度不同选择在50~200m之间，各剖面上钻孔间距以20~100m为宜，其中，核心区域钻孔较外围区域密。

（3）除应在各勘探剖面上布置钻孔外，在未查明水文地质条件所需的低地下水位地段、高地下水位地段、断层错断相对隔水层的地段上，以及重要的岩溶现象分布地段上也应布置钻孔。

（4）为查明水文地质条件而布置的钻孔应进入到河床底高程以下不小于10m。防渗线上的钻孔应进入到微透水层内或进入岩溶弱发育带顶板以下不小于10m。悬托河及排泄型河谷根据实际情况确定钻孔深度。

3.隧洞钻孔

岩溶地区隧洞线上的勘探钻孔较一般非可溶岩区隧洞线上的钻孔承担着更多的水文地质、工程地质勘察目的。除了对地层岩性、地质构造、风化分带及围岩类别等基本地质条件进行查明外，对相对隔水层的分布情况、岩溶发育程度及分带性、围岩体透水性、地下水位等均应进行初步查明。特别是在对于深埋长大隧洞的前期勘察中，受勘测技术条件的限制，对岩溶现象不能全部查明，有些问题还需随着施工期所揭露出的岩溶水文地质问题做进一步的专门性勘察布置。

（1）隧洞进出口、地下厂房和建筑物应沿轴线布置钻孔勘探剖面。

（2）隧洞线路的钻孔应沿线布置，宜布置在进出口、地形低洼地、岩溶可能发育地段、水文地质条件复杂的地段，地表调查及物探测试分析可能存在大洞穴、大断层、低水位带、高水位带及暗河系统等部位应布置专门性钻孔。

（3）钻孔深度应进入洞室底板以下10~30m，或达到地下水位以下，或大洞穴底板以下，建筑物区的钻孔深度应进入设计建基面高程以下20~30m。

（4）根据施工期揭露出的岩溶水文地质条件和建筑物所遇到的工程地质问题，还应做施工期专门的钻孔勘察工作，以解决岩溶洞段围岩稳定问题、洞穴软弱充填物地基沉降及管涌问题、隧洞高外水压力问题等主要工程地质问题，钻孔深度应视具体情况而定。

（二）钻孔水文地质试验

1.钻孔地下水位观测

钻孔地下水位观测是水利水电工程岩溶勘察的常用方法，分简易观测和长期观测

（动态观测）。常用工具有测钟、测绳，电阻式双线钻孔水位计，ZS-1000A型钻孔水文地质综合测试仪，半导体灯显示式水位仪。其中以测钟、测绳操作最简单，适用于任何孔深水位观测，但精度稍低。而后三者精度较高，适用钻杆内测量，操作均方便。

简易观测一般包括钻孔初见水位、终孔水位和稳定水位的观测。在无冲洗液钻孔时发现水位后，应立即进行初检水位的测量。钻探过程中的地下水位，应在钻探交接班时提钻后、下钻前各观测1次。终孔水位应在封孔前提出孔内残存水后进行观测，每30min观测1次，直到两次连续观测的水位差值不大于2cm，方可停止观测，最后一次的观测水位即为终孔水位。稳定水位观测也按每隔30min观测1次，连续观测应达到4次以上，直到后4次连续观测的水位变幅均不大于2cm时才可认为稳定。

分层水位观测也是一种简易观测，主要观测多层含水透水层中各含水层的地下水位。往往通过栓塞将不同含水层隔断，观测各层地下水位。

长期观测是根据地质要求和具体情况布设长观孔，利用长观孔观测动态观测地区的地下水位、水质、水温等的变化情况。长期观测每次观测应重复两次，两次观测值之差不能大于2cm。通过长期观测可实现查找地下水分水岭，分析构造切口处的渗漏问题。长期观测的资料整理是通过降水量、蒸发量、河水位、钻孔地下水位（高程）随时间变化曲线对比分析，查找地下水位变化原因。

在解决"东风水电站库首右岸河湾渗漏地带中十七屯向筲箕湾河间渗漏问题"时，查找推测河间地块存在地下分水岭，布置新9、新12两个钻孔，经过两个水文年的连续观测，两孔玉龙山灰岩水位最低高程分别为992.8m及1032.49m。而且钻孔地下水位随时间季节变化不大，与降水与河水位变化相关性不大。判断建库后不存在自十七屯向筲箕湾方向渗漏，其理由之一为化龙一带玉龙山灰岩中存在有高于水库设计蓄水位的地下分水岭。

2. 钻孔压水试验

钻孔压水试验是用栓塞将钻孔隔出一定长度的孔段，并向该孔段压水，根据一定时间内压入水量和施加压力大小的关系来确定岩体透水性的一种原位渗透试验。一般分常规钻孔压水试验（压力不大于1.0MPa）、高压压水试验（压力大于1.0MPa）两种。

常规钻孔压水试验是水利水电工程岩溶勘察中常用的试验方法，一般随钻孔深度加深自上而下地用单栓塞分段隔离进行。对于岩体完整、孔壁稳定的孔段，在连续钻进一定深度（不宜超过40m）后，用双栓塞分段进行压水试验。试段长度一般为5m，同一试段不得跨越透水性相差悬殊的两种岩层。压水试验的钻孔孔径一般采用75~130mm。钻孔压水试验宜按三级压力五个阶段进行，三级压力宜分别为0.3MPa、0.6MPa、1.0MPa。

试验资料整理包括校核原始记录，绘制 P-Q 曲线，确定 P-Q 曲线类型和计算试段透水率等内容。P-Q 曲线类型分为 A 型（层流）、B 型（紊流）、C 型（扩张）、D 型（冲蚀）、E 型（充填）。

A 型、B 型曲线说明在试验期间裂隙状态没有发生变化。C 型曲线说明在试验期间裂隙发生可逆的弹性扩张变化（压力增大使原有裂隙加宽，隐裂隙劈裂，压力下降裂隙又恢复到原来的状态）。D 型曲线说明试验期间裂隙发生永久性的、不可逆的变化（裂隙中的充填物被冲蚀、移动造成）。E 型曲线说明在试验期间裂隙被移动的固体充填或半封闭的裂隙被水充填。

受岩溶发育的不均一性及管道规模影响，岩溶地区水文地质钻孔采用振荡测试方式进行钻孔压水的效果较差，一般不宜使用。

3. 钻孔示踪试验

是通过钻孔将某种能指示地下水运动途径的试剂注入含水层中，并借助下游井、孔、泉或坑道进行监测和取样分析，来研究地下水和其溶质成分运移过程的一种试验方法，一般适用于孔隙含水层和渗透性比较均匀的裂隙和岩溶含水层。也适用于岩溶管道流或非均质性极强的裂隙含水层。

钻孔示踪试验是水利水电工程岩溶勘察中常用手段，通过钻孔示踪试验确定地下水的流向、流速和运动途径。利用投源孔到监测孔（泉点、井、坑道）的时间（一般选取监测井中示踪剂出现初值与峰值出现时间的中间值），近似地计算出地下水的流速。由此可判断出地下水流向与运动途径（管道或裂隙）。

钻孔示踪试验成败的关键，在于示踪剂的选择，理想的示踪剂应是无毒、价廉、能随水流动，且容易检出，在一定时间内稳定和不易被岩石吸附和滤掉的。目前我国常用的示踪剂主要有：（1）化学试剂，如 NaCl、$CaCl_2$、NH_4Cl、$NaNO_2$、$NaNO_3$ 等；（2）染料，如酸性大红。

国外用的指示剂较多，有微生物、同位素、氟碳化物（氟利昂）等。微生物中值得提出的是酵母菌，它无毒、便宜、易检出，既可用于孔隙，又可用于较大的岩溶通道。稳定同位素有 H、C、N 等，但以 H 为优。放射性同位素有 Au 等，但毒性问题未解决，其中 H 组成水分子，与水一起运动，则较理想，这种方法需专门仪器检出，较费时费钱（尤其是稳定同位素），其优点在于用量小，能在较长的距离内示踪。

目前，较为常用的示踪剂，简单且无环境控制要求的主要采用酸性大红或荧光素钠。当环境控制要求较严时，通常使用食盐作为示踪剂。

4. 钻孔抽水试验

钻孔抽水试验是通过钻孔抽水来定量评价含水层富水性，测定含水层水文地质参数的一种野外试验工作。抽水试验是以地下水井流理论为基础，测定包括含水层的富水程度和评价孔的出水能力在内的多目的的在实际井孔中抽水和观测的一种野外试验。钻孔抽水试验耗时耗财，在已有水利水电工程的岩溶勘察中较少使用。

钻孔抽水试验根据孔的数目可分为多孔、单孔、干扰孔抽水试验；根据地下水流的特点可分为稳定流抽水试验、非稳定流抽水试验两种。在稳定流抽水试验过程中，应同步观测、记录抽水孔的涌水量及观测孔的动水位。涌水量和动水位的观测时间宜在抽水开始后的第1、2、3、4、5、10、15、20、30、40、50、60min各测1次，出现稳定趋势以后每隔30min观测1次，直至结束。而在非稳定流抽水过程中，抽水孔的涌水量应保持常量，抽水试验每个阶段（每种流量状况），涌水量和动水位的观测时间宜在抽水试验后的第1、2、3、4、6、8、10、15、20、30、40、50、60、80、100、120min各观测1次，直至结束。

5. 钻孔注水试验

当钻孔中地下水位埋藏很深或试验层为透水不含水时，可用注水试验代替抽水试验，近似地测定该岩土层的渗透系数。注水试验形成的流场图，正好和抽水试验相反。抽水试验是在含水层天然水位以下形成上大、下小的正向疏干漏斗。而注水试验则是在地下水天然水位以上形成反向的充水漏斗。对于常用的稳定流注水试验，其渗透系数 K 的计算公式与抽水井的裘布衣（Dupuit）K 值计算公式相似。其不同点仅是注入水的运动方向与抽水井中地下水运动方向相反，故水力坡度为负值。这种主要用于求第四系松散层渗透系数的钻孔注水试验，在水利水电工程岩溶勘察中也较少使用。

钻孔注水试验可分为常水头注水试验、饱和带钻孔降水头注水试验、饱气带内钻孔降水状注水试验。常水头钻孔注水试验在试验过程中水头保持不变，一般适用于渗透性比较大的粉土、砂土和砂卵砾石层。钻孔注水试验的造孔与试段隔离，用钻机造孔，钻到预定深度后采用栓塞和套管进行试验隔离。向试管内注清水，使水位高出地下水位一定高度（或至孔口）并保持固定，测定试验水头值。保持试验水头不变，观测注入量。开始按1min间隔观测5次，5min间隔观测5次，以后每30min观测1次，并绘制 Q-t 曲线，直到最终流量与最后两小时的平均流量之差不大于10%时，即可结束试验。

6. 钻孔水位敏感性测试

受岩溶发育不均一性的影响，岩溶地区水文地质钻孔中的水位不一定是真正的地下水位。当岩溶不发育，岩体完整性较好时，钻孔无地下水补给，钻孔中的水主要为施工残留水,不一定是真正的地下水位,此时测得的地下水位为假水位。因此,在岩溶地区,当钻孔施工结束后,对钻孔中稳定地下水位的测试成果须慎重,对非常重要的水文地质钻孔,应采用提水或注水等方式测试地下水位的敏感性,验证其是否真正代表该地带的地下水位特征。

(三)山地勘探

1. 平洞勘探

(1)前期勘察。水利水电工程前期地质勘探,常采用平洞勘探以调查溶洞、暗河或岩溶管道的发育情况,这是因为通过平洞勘探能直接观察到大小不同的各种岩溶现象,并追索其来龙去脉。在光照、索风营、大花水、天生桥二级、洪家渡、东风、构皮滩、思林、沙沱、格里桥、善泥坡等水电站都曾采用平洞勘探查明了一些洞穴发育情况,均收到良好的效果。以下列举几个勘探平洞实例。

1)光照水电站坝址以三叠系永宁镇组灰岩为主,两岸不同高程布置了垂直河向或顺河向的平洞,平洞中所见的溶洞一般为圆锥形竖向发育的小溶洞,充填红褐色黏土,大雨或暴雨后出水涌泥。通过两岸平洞的开挖揭露,基本摸清了两岸岩溶的发育规律,坝址区溶洞与岩溶管道主要集中发育在 3 个带上,即 F 断层带、F2 断层带和分界处,两岸岩溶发育程度属中等。

2)索风营水电站坝址区分布有可溶岩地层,测区岩溶发育形态主要有岩溶泉、溶洞、顺层风化溶滤带、溶缝、溶沟、溶槽等。为了解坝址区岩溶发育情况,在两岸布置了 7 个平洞进行岩溶专门勘察。据平洞揭示,左岸岩溶发育强度及规模比右岸强烈,左岸发育的 S63 管道系统,其主要沿层间错动、断层 fs 及 N60° W 裂隙发育,相互切磋,连成同一岩溶系统。

3)大花水水电站坝址区主要为二叠系栖霞组、茅口组灰岩地层,岩溶较发育,坝址区两岸平洞勘探揭露大小溶洞共 32 个,溶洞绝大部分发育在左岸,右岸较少,左岸平洞揭露溶洞多为沿断层发育的溶缝或宽缝状溶洞,直径一般在 0.5~2m,大者约 3m,多全充填或半充填黄色可塑或软塑状黏土,部分溶洞潮湿、滴水;右岸平洞仅揭露 3 个小溶洞,溶洞规模最大 1~2m,另两个为直径在 1m 以下的小溶洞。大花水水电站左岸为古河床,为了解古河床岩溶发育情况,在左岸不同高程布置了平洞进行查勘,经对平洞揭露的岩溶发育情况进行统计计算,按沿洞向上所占长度比例计算,顺河向支洞线岩溶率为 14.7%~12.64%,考虑尚有少量溶蚀裂隙及较窄的溶缝未统计在内,平均值为 14% 左右。垂直河床方向,古河床下强烈溶蚀带上部宽约 60m,下部宽约 20m,呈一倒梯形,根据钻孔资料及物探 EH4 探测成果,结合坝址区钻孔长观资料,左岸古河床下岩溶发育的下限深度已至高程 700.00m 左右。另外，根据左岸平洞揭露情况，以及物探 EH4 资料，左岸古河床下，垂直河流方向，岸坡由外及里，岩溶发育强度具有强—弱—强—弱的特征，即依次经历了表层溶蚀带—岩溶相对弱发育带—岩溶发育强烈带—岩溶弱发育带。

4）天生桥二级水电站坝址下游右岸有一岩溶泉水，高出河水面 20m，流量 0.34L/s，由于洞很小，人不能进入，为了追索其发育方向和长度，曾开挖平洞进行追索，发现溶洞断面时大时小，洞向曲折变化，并见有 3 个台阶，在距平洞口 30 多米处溶洞断面仅 0.5m²，证明其间无大型溶洞，而是一支孤立的岩溶管道水。

（2）施工开挖期。地下工程中，若开挖揭露了岩溶管道等大型涌水点，一般会给地下工程带来较高的外水压力，并影响施工。通常在有条件的情况下，一般在地下洞室顶部适当位置布置平洞，对地下水进行追踪及引排。

如光照水电站右岸 I 号引水隧洞，施工开挖时于 0+310m 桩号揭露了 3 号岩溶管道。出现 2 处大涌水点：第一个出水口为 3 号岩溶管道主管道，溶管呈窄缝状，基本沿层面方向发育，宽 1~3m，涌水量 0.5~1L/s；第二个出水口沿溶隙出水，流量为 2L/s 左右。两处最大达 25L/s 左右，约滞后降雨 3~5h。为降低引水隧洞外水压力，于右岸 IV 号冲沟一带地表开挖一平洞作为排水洞，平洞开挖至引水隧洞洞顶采用追踪法最终于 125m 处揭露 3 号岩溶管道水，将管道水从平洞引出，降低了雨季引水隧洞外水压力以及管道水对隧洞施工的干扰，保证了引水隧洞的顺利浇筑及后期运行的安全。

2. 竖井和坑槽探

岩溶地区，竖井主要用来揭露开挖后揭露的溶洞发育深度、充填物性状以及料场的剥离层厚度等。坑槽探主要用来揭露地表岩溶发育特征，尤其是溶沟溶槽的发育情况。在岩溶地区公路开挖揭露的断面可用来进行地表岩溶发育特征的调查，尤其是溶沟溶槽的发育深度、起伏特征、充填物情况及石芽风化特征等。

第三节　常用岩溶地球物理勘探方法

由于岩溶发育的不均一性，采用传统的钻探方法进行岩溶调查费时、费力，且控制点稀少、信息量小。为了使岩溶勘察工作更加快速、经济、全面，根据不同岩溶发育的物性差异，许多物探方法在实际工作中得到广泛应用，并取得了良好的探测效果和经济效益。如今，地球物理勘探在岩溶勘察中有着举足轻重的作用和不可替代的地位。

一、物理勘察方法选择及布置

工程地球物理勘探的基础是被探测体的物性差异，常表现为岩体的电、磁、弹性波速等物性参数。由于岩溶是由原来的围岩经过漫长的地质过程形成的"空洞"，虽然洞中有可能被一定的充填物充填，但是一般该区域与周围的完整岩体有很多、很大的物性差异（如电阻率、介电常数、地震波速、电磁波吸收系数等）。而每种物探方法都是基于其中的一种物性差异，因此，可用于岩溶勘察的地球物理方法门类繁多。但是，每种方法的适用条件不同、要达到的目的不同、预算的经费不同，而生产不同于研究，不能所有方法都做一遍。因此如何选择勘察方法显得尤为重要。

一般地，地球物理方法的选择与优化主要要考虑以下因素：

1.必要性。勘察工作不同于研究工作，目的性、实用性很强，因此，必要性是首要考虑的因素。

2.有效性。方法的有效性和解决问题的能力是方法选择的基本条件。

3.经济性。不同勘察阶段，对问题的解决程度要求不同，投入的勘探经费不同，合理的经费开支是基础。

4.多样性。考虑不同方法的相互替代或补充。

5.灵活性。根据目的、任务、经费可以选择合适的方法组合。

地球物理方法的合理综合应用十分复杂，它不仅取决于所要解决的地质问题，还必须考虑高效与低耗两个因素。目前，地球物理勘察方法有几十种。在地质任务和总经费确定之后，究竟选用哪几种地球物理方法，哪些方法为主要方法，哪些方法为配合方法，这就是地球物理测量工作涉及的主要内容。总体来说，地球物理方法的选择应遵循"地质效果、工作效率、经济效益"三统一的原则。物探方法的种类和数量尽可能少一些。物探方法不是越多越好，也不是越少越好，而应以能取得较好地质效果所必需的物探方法种类和数量为宜。

水电工程中物探方法的选择及布置原则如下：

1.以能得到明显地质效果为目标。不同的地球物理条件应该选择不同的地球物理方法，不同的方法具有不同的特点，如高密度电法适用于地形起伏不大的条件下。为保证数据采集质量，高密度电法需要电极与大地良好接触，因此，在地表基岩出露较多时就不便使用高密度电法，可以改用EH4、探地雷达等方法。

EH4、探地雷达对地形的要求较低，在探测深度较大时，适宜采用EH4，而在探测深度较小时应当采用探地雷达。但是这两种方法容易受到外界电流的影响，如当勘察区高压电线比较多时，就会严重影响勘察效果。

2.岩溶区勘察技术的综合应用。岩溶区勘察技术现有的研究都局限于某个或者某几个物探勘察方法的研究，其综合地质勘察方法很少涉及。但是，应该充分认识到在岩溶地区运用地质测绘、综合物探及地质钻探等综合勘察手段，能够较为准确地查明可溶岩的分布、岩溶发育形态及岩溶水的储存规律，以取得良好的效果。

3.对于岩溶区综合勘察的方法，首先必须意识到由于岩溶地区的复杂性，必须采取各种勘察手段相结合的方式，这样才能取得与实际相符的资料。而这些方法中，物探方法只是间接的地质勘察方法，最终地下的岩溶地质情况还需要通过钻孔勘察来验证。而若只采取钻探的方法，不仅花费大，而且不一定能满足勘察的要求。根据勘察性质、地质条件、技术经济等综合因素，合理制定勘探方案是岩溶地质勘探的关键。利用地质测绘，同时在场地范围内布置高密度电法、探地雷达等地面物探方法，初步查明场地范围内岩溶的发育和分布情况，进行岩溶场地的划分，判定"无岩溶区"和"岩溶不发育区"。在前期工作判定为岩溶区的场地上，按一定的要求与比例布置钻探孔。在钻探孔完工后，在钻探揭示为完整基岩段的范围内进行弹性波探测，以判断该段范围内是否存在岩溶、裂隙等不良地质现象；当场地岩溶发育强烈，需要进行处理时，利用孔间CT层析成像等探测手段，直观揭示场地范围内岩溶分布形态，确定处理范围及处理工作量。对于复杂的岩溶场地要适当地利用多种物探方法进行勘察，物探方法能补充传统钻探的不足。从某种意义上来讲，它们可以看成是这些方法的延展。

物探方法的合理应用，可以大大减少这些直接方法的工程量。但是，需要再次强调的是，物探方法只是个间接的勘察结果，只有与钻探紧密结合，方法的投入才有依据，成果的解释才会有明确的地质内容。通过多种勘察手段相互补充和印证，从而全面准确地反映岩溶场地的地质情况，使设计、施工建立在一个坚实可靠的基础上，确保工程设计、施工和使用达到经济合理，以避免由于单一的勘察手段所提供的不确切的甚至错误的勘察结果，给设计和施工带来不良后果。

二、高密度电法

（一）高密度电法的特点

电法勘探是以地壳中岩石、矿物的电学性质为基础，研究天然的或人工形成的电场分布规律和岩土体电性差异，查明地层结构和地质构造，解决某些地质问题的物探方法。电法勘探根据其电场性质的不同分为电阻率法、充电法、自然电场法和激发极化法等。不同地层或介质具有不同的电阻率，通过接地电极将直流电供入地下，建立稳定的人工电场，在地表观测某点垂直方向或某剖面水平方向的电阻率变化，从而了解地层结构、岩土介质性质或地质构造特点。

高密度电法的基本原理与电阻率法相同，实际上是一种阵列式电阻率测量方法，集电剖面和电测深于一体，采用高密度布极，利用程控电极转换开关实现数据的快速和自动采集。高密度电法采集的数据量大、信息量多，实现了二维地电断面测量，不仅可揭示地下某一深度范围内水平横向地电特性的变化，又能提供垂向电性的变化情况。高密度电法主要用于浅部详细探测不均匀地质体的空间分布，如洞穴、裂隙、墓穴、堤坝隐患等。

（二）应用实例

乌江索风营水电站位于贵州省修文县与黔西县交界的乌江干流六广河段，是东风水电站与乌江渡水电站之间的衔接梯级，挡水建筑物为碾压混凝土重力坝，最大坝高 115.8m，水库正常蓄水位 837m，相应库容 1.686 亿 m³，总装机容量为 600MW。

该电站坝区多为碳酸盐岩地层，可溶性极强，加之降雨量充沛，岩溶中等发育或极其发育，构成复杂的水文工程地质条件，且岩溶和地下水分布具有明显的随机性和复杂性。坝区厚层、中厚层可溶性灰岩的电阻率为五百欧姆米到数千欧姆米，而以水或黏土充填的溶洞，电阻率约为 $2\Omega \cdot m$。

在右坝肩至地下厂房的 PD2 勘探平洞内底板布置了一条高密度电法测线，探测装置为温纳装置，电极点距为 5m，探测 16 层。其探测结果与地质推断吻合：除洞底安装间平台高程位置揭示一规模约 25m × 10m 的低阻异常外，其他部位岩体完整性较好。通过地质分析推断，该异常与小流量的溶洞管道相连。

三、地质雷达

（一）地质雷达简介

地质雷达也叫探地雷达（ground penetrating radar，GPR），它是一种用于确定地下介质分布光谱（1MHz~1GHz）的电磁技术，地质雷达利用发射天线发射高频宽带电磁波脉冲，接收天线接收来自地下介质界面的反射波。电磁波在介质中传播时，其路径、电磁场强度与波形将随所通过介质的电性性质及几何形态而变化。因此，根据接收到的波的旅行时间（双程走时）、幅度与波形资料，可推断介质的结构和形态大小。岩溶与其周围的介质存在着较明显的物性差异，尤其是溶洞内的充填物与可溶性岩层之间存在的物性差异更为明显，这些充填物一般是碎石土、水和空气等，这些介质与可溶性岩层本身由于介电常数不同形成了电性界面，因此探测出这个界面的情况，也就知道了岩溶的位置、范围、深度等内容。当有岩溶发育时，反射波波幅和反射波组将随溶洞形态的变化横向上呈现一定的变化，一般溶洞的反射波为低幅、高频、细密波型，但当溶洞中充填风化碎石或有水时，局部雷达反射波可变强，溶蚀程度弱的石灰岩的雷达反射波组为高频、低幅细密波。

通过工程勘察实践，地质雷达对于探测隐伏性浅层灰岩地区中的溶洞、溶蚀裂隙等有良好的效果，尤其是对溶洞的勘探。地质雷达的探测深度一般为20m左右，溶洞的地质雷达影像特征都为向顶部弯曲的、多重的强弱信号条纹相间的异常区。地质雷达发射的电磁波频段常为10Hz以上，在地层介质中雷达波波长一般为1~2m，在探测浅部地层介质时，由于灰岩对雷达波的吸收相对其他地层介质有较低的衰减系数，因而，地质雷达在灰岩区有较理想的探测深度。选用1m的点距勘测，对发现直径大于1m的溶洞是有效的，但对连接上下岩溶的通道的特征就很难反映，但当测点加密后，可使更小些的岩溶不易漏掉。

与常规的钻探工作相比，地质雷达在探测岩溶方面有其他物探方法无法比拟的优点，它是一种高效、直观、连续无破坏性、分辨率高的物探方法，提供的资料图像为连续的平面和剖面形态，对溶洞的分布范围、埋深、大小及连通情况一目了然，尤其是对微小目标的探测。地质雷达定性预测溶洞或空洞的存在较准确，但对溶洞或空洞大小的预测比实际尺寸偏大，且存在线性相关关系。由于岩溶本身的空间形态发育非常复杂，大量溶蚀溶沟形态发育时，反射波电信号相互干扰、重叠，造成探测结果扩大化。当溶洞发育呈层状分布，对于上下层溶洞之间的岩石溶蚀发育或破碎，地质雷达的雷达图像难以区分，探测结果易判为一个大溶洞。如岩石存在破碎带，由于岩性的差异显著，地质雷达探测结果也会显示存在空洞。此外，地质雷达在岩溶地区的探测还受上覆土层厚度和地下水的影响，而且探测深度较小，地形要求相对平坦，操作人员的经验和技术水平及仪器参数选择是否得当也都是能否取得良好探测效果的关键因素。

探地雷达作为一种先进的无损检测技术，在众多检测技术中具有其优越性。它很好地解决了以钻探为主的传统检测技术效率低、代表性差、偶然性大的缺点。由于它具有无损伤、速度快、效率高、精度可靠、代表性强、成本低等优点，在工程勘察和质量检测中得到了广泛应用。

（二）应用实例

乌江索风营水电站场区多为碳酸盐岩地层，可溶性极强，加之降雨量充沛，岩溶中等发育或极其发育，构成了复杂的水文工程地质条件，且岩溶和地下水分布具有明显的随机性和复杂性。区内溶洞多以水或黏土充填的为主。施工筹建期，在右岸进场公路1

号交通，洞内布置了一条地质雷达测线，主要目的是查明岩溶分布位置、形态及规模。

桩号 2+940~2+955：深 20m 以上，电磁波有一强反射界面，解释为一平行岩层发育的溶蚀裂隙密集带；桩号 2+945~2+965：电磁波为强吸收，无反射界面，解释为充填黏土夹块石的溶洞，受溶洞充填物的影响（对电磁波能量衰减较大），无法探测到溶洞底界面；桩号 2+960~2+975：电磁波有一强反射界面，解释为一倾向大桩号的溶蚀裂隙；桩号 2+980~3+015：电磁波有一强反射界面，界面以下电磁波被吸收强烈，解释为溶洞顶界面。

四、CT 技术

层析成像技术（CT）是借鉴医学 CT，根据射线扫描，对所得到的信息进行反演计算，重建被测范围内岩体弹性波和电磁波参数分布规律的图像，从而达到圈定地质异常体的一种物探反演解释方法。根据所使用的地球物理场的不同，层析成像（CT）又分为弹性波层析成像和电磁波层析成像。

（一）弹性波 CT

弹性波层析成像 CT 就是用弹性波数据来反演地下结构的物质属性，并逐层剖析绘制其图像的技术。其主要目的是确定地球内部的精细结构和局部不均匀性。相对来说，弹性波层析成像 CT 较电磁波层析成像 CT 和电阻率层析成像 CT 两种方法应用更加广泛，这是因为弹性波的速度与岩石性质有比较稳定的相关性，弹性波衰减程度比电磁波小，且电磁波速度快，不易测量。

弹性波 CT 成像物理量包括波速、能量衰减、泊松比等各种类型，成像方法可以利用直达波、反射波、折射波、面波等各种组合，可利用钻孔、隧道、边坡、山体、地面等各种观测条件，进行二维、三维地质成像。

弹性波 CT 的传统方式是跨孔层析成像，它是 CT 中最简单的观测方式，射线追踪容易，成像精度高。通常用于孔间地震波 CT 的地震波频率约为 100 Hz，当工程施工、工程地质勘察中需要探测的异常体规模小时，孔间地震波 CT 就会难以满足勘探精度要求。而声波（频率超过 20 kHz）的波长短、分辨率高，更便于区分小规模异常体。

岩溶勘察弹性波 CT 钻孔应布置在被探测区域（或目的体）的两侧，孔距宜控制在 15~30m，孔距太小会增大系统观测的相对误差，太大会降低方法本身的垂向分辨率。成孔要求：钻探成孔时应尽可能保持钻孔的垂直度，终孔后宜进行测斜校正。为减小测试盲区，终孔深度应大于测试深度，且相邻钻孔孔底高差宜小于 5.0 m，钻孔终孔后应进行清渣，以保证有效探测深度；最后应将钢套管替换成 PVC 胶管，保证震源激振时为点状震源而非线状震源，同时可避免因钢套管而改变振动波的传播路径。

弹性波 CT 扫描法具有使用仪器占地小、应用范围广、精细程度高、勘测深度大、可靠性强、成图直观、受外界干扰小的特点，能够较准确反映和区分溶洞大小、溶蚀发育等。但是资料采集和计算工作量大，对勘察人员的技术要求比较高。因此，在进行弹性波 CT 扫描时应注意以下问题：

1. 在进行预处理时，必须检查并保证拾取的初至走时准确可靠，因原始观测数据的精度直接影响成像效果。

2. 对于岩溶勘察，宜采用基于惠更斯原理的网络追踪算法（最短路径射线追踪法）进行射线追踪，用 LSQR 算法进行递归迭代反演。

3. 速度离散单元尺度不应大于所需分辨的目的体的线性尺度，也不宜小于激发、接收点距。

4. 宜根据单孔声波测试结果及钻孔资料建立反演初始模型及边界约束条件。

5. 以最小的速度及走时迭代误差对应的迭代反演结果作为重构的速度分布。

（二）电磁波 CT

电磁波 CT 技术是将电磁波传播理论应用于地质勘察的一种探测方法，是利用电磁波在有磁介质中传播时，能量被介质吸收、走时发生变化，重建电磁波吸收系数或速度而达到探测地质异常体的目的。

1. 应用范围

（1）适用于岩土体电磁波吸收系数或速度成像，圈定构造破碎带、风化带、岩溶等具有一定电性或电磁波速度差异的目的体。

（2）电磁波 CT 的探测距离取决于使用的电磁波频率和所穿透介质对电磁波的吸收能力，一般而言，频率越高或介质的电磁波吸收系数越高，穿透距离越短；反之，穿透距离越长。对于碳酸盐岩、火成岩以及混凝土等高阻介质，最大探测距离可达 60~80m，但此种情况下使用的电磁波频率较低，会影响对较小地质异常体的分辨能力；而对于覆盖层、大量含泥质或饱水的溶蚀破碎带等低阻介质，其探测距离仅为几米。

2. 应用条件

（1）电磁波吸收 CT 要求被探测目的体与周边介质存在电性差异，电磁波走时 CT 要求被探测目的体与周边介质存在电磁波速度差异。

（2）成像区域周边至少两侧应具备钻孔、探洞及临空面等探测条件。

（3）被探测目的体相对位于扫描断面的中部，其规模大小与扫描范围具有可比性。

（4）异常体轮廓可由成像单元组合构成。

（5）外界电磁波噪声干扰较小，不足以影响观测质量。

3.工作布置

（1）为了避免射线在断面外绕射而导致降低对高吸收系数异常的分辨率，剖面宜垂直于地层或地质构造的走向。

（2）为了保证解释结果不失真实，扫描断面的钻孔、探洞等应相对规则且共面。

（3）孔、洞间距应根据任务要求、物性条件、仪器设备性能和方法特点合理布置，一般不宜大于60m，成像的孔、洞段深度宜大于其孔、洞间距。地质条件较为复杂、探测精度要求较高的部位，孔距或洞距应相应减小。

（4）为了获得高质量的图像，最好进行完整的观测，即发射点距和接收点距相同。但有时为了节省工作量，缩短现场观测时间，做定点测量时，在不影响图像质量前提下，也可适当加大发射点距进行优化测量，通常发射点距为接收点距的5~10倍。观测完毕后互换发射与接收孔，重复观测一次。

（5）接收点距通常选用0.5m、1m、2m。过密的采样密度只会增加观测量，对图像质量的提高和异常的划分作用并不明显。因此在需探测的异常规模较大时，可适当加大收发点距，但点距过大也会导致漏查较小的异常体。

（三）应用实例

以光照水电站防渗线岩溶探测为例。该电站位于北盘江中游，是一个以发电为主，航运其次，兼顾灌溉、供水等综合效益的水利枢纽，水库具有多年调节性能。坝址控制流域面积13548km²，水库正常蓄水位745m，总库容32.45亿m³，装机容量1040MW，保证出力180.2MW。大坝为碾压混凝土重力坝，为世界同类坝型最高坝之一。坝顶全长412m，坝顶高程750.50m，最大坝高200.50m。

防渗线电磁波CT探测的目的：探测防渗帷幕岩溶、裂隙破碎带及断层的发育情况和岩体的完整性等，为灌浆设计与施工提供指导。

该项目布置防渗帷幕5层，分别为560廊道、612廊道、658廊道、702廊道和750廊道，防渗线高程450~750m，单层防渗帷幕高为48~110m，采用物探电磁波CT进行探测，计划布置CT探测总工作量为117对。

电磁波CT钻孔间距在8~32m之间，孔深为53~110m，采用定点法互换观测系统，采用多次覆盖技术，定发点距为3~5m，接收点距一般为1m，其中，岩体破碎带和强风化带接收点距采用0.5m。根据地质条件，本项CT探测在围岩吸收系数 β 大的部位采用小孔距，在围岩吸收系数 β 小的部位采用大孔距进行测试。选用最佳工作频率为8~16MHz。

高程560.00m灌浆廊道防渗帷幕岩溶电磁波CT探测洞段为桩号：F 左 0+226.6~F

右 0+162.4m，CT 检测剖面长 389m，高程在 450.00~569.50m 之间，完成电磁波 CT 探测 18 对。该廊道分为：坝右 1YZ117~1YZ037 孔共计 7 对电磁波 CT 探测、坝中 1YZ037~1ZZ045 孔共计 6 对电磁波 CT 探测、坝左 1YZ117~1YZ037 孔共计 5 对电磁波 CT 探测，下面以坝左电磁波 CT 探测成果进行解释说明。

坝左电磁波 CT 探测为 1ZZ035-1ZZ045、1ZZ045-1ZZ047、1ZZ047-1ZZ057、1ZZ057-1ZZ067 和 1ZZ067-1ZZ077 共 5 对剖面，钻孔间距为 20m，孔深为 105~110m，剖面长度为 100m。

在电磁波 CT 探测成果图中，电磁波视吸收系数以色谱（dB/m）的形式表示，岩体的吸收系数值低，表示岩体完整；岩体的吸收系数值高，表示岩体不完整、破碎。根据测区的地质与钻孔资料，CT 成果解释以岩体吸收系数值在 0~0.8dB/m 之间为正常值，岩体完整；吸收系数在 0.8~1.0dB/m 之间为岩体破碎或裂隙发育区；吸收系数在 1.0~1.3dB/m 之间为强溶蚀区。

该段岩体吸收系数值在 0.4~1.3dB/m 之间，从电磁波 CT 成果图中可以得出：

1. 高程 532.00~557.00m、桩号 F 左 0+062.4~0+077m，高程 476.00~560.00m、桩号 F 左 0+075~0+102.4m，高程 478.00~535.00m、桩号 F 左 0+102.4~0+162.4m 和高程 450.00~478.00m、桩号 F 左 0+122.4~0+162.4m 范围内，吸收系数值在 0.8~1.0dB/m 之间的岩体，为破碎或裂隙发育区。

2. 桩号 F 左 0+095、高程 550m 点至桩号 F 左 0+153、高程 450.00m 点之间有一条吸收系数值在 1.0~1.3dB/m 的强地质异常带，推断为 F1 断层带。

3. 其余部位岩体吸收系数值小于 0.8dB/m，岩体较完整。

五、连续电导率剖面成像法（EH4）

（一）EH4 原理

EH4 大地电磁法是建立在均匀平面电磁波的基础上，并利用高空电流体系和低空远处雷电活动产生的随时间变化的电磁场进行地质异常体的探测。其基本原理是通过观测记录电磁场信号，然后通过"傅立叶变换"将时间域的电磁信号变成频谱信号，得到 Ex、Ey、Hx、Hy，最后计算地下电阻率，达到地下异常体探测的目的。

EH4 测点布置应选择在远离产生电场源的地方，以及电性比较活跃的点。这些源包括任意大小的电源线、电网、有保护设备的管线、电台、金属风车、正在运作的发动机等。如果是环境噪声问题，那么将接收器移到两倍远的地方时，这些影响应该会消除或是大大降低。好的接收点及发射点应该避免靠近有大量金属的地方，如钻探管、灌溉管道、铁路、金属挡板、粗大的金属防护栏等。石栏没有影响，但它得远离接收器几米远。

由风或流水引起的感应变化会在传感器里产生噪声，尤其是在低频情况下进行测量时，会降低所得的测点数据的质量。在高频情况下测量时，磁感应器的剧烈震动会使得所得的结果达到饱和状态，不再变化。把磁场探测器埋到地底，这对于减少风的影响来说是很必要的。当然，也不是说一直都得避开噪声点，但是这对于辨明是测点问题还是仪器问题是很重要的。因此，在这些点处开始勘测时，要考虑到这些地方容易产生噪声。再者，怀疑是仪器问题时，在第一个点处重新进行一次测量来进行仪器检查。

（二）应用实例

以索风营水电站库区岩溶探测为例。该电站坝区及库区多为碳酸盐岩地层，可溶性极强，加之降雨量充沛，岩溶中等发育或极其发育，构成了复杂的水文工程地质条件，且岩溶和地下水分布具有明显的随机性和复杂性，因此岩溶及地下水是一个首先需要查明的难题，该问题主要涉及水库及坝基渗漏，并影响大坝稳定。

索风营水电站物探工作主要集中在预可研及可研阶段，其工作内容要根据地质勘察需要布设，工作面包含库区及坝区。

库区完整灰岩的视电阻率较高，一般在五百欧姆米至数千欧姆米以上，当岩层中存在断裂、溶蚀并充填泥、水等情况下，视电阻率在数十欧姆米至数百欧姆米之间变化。地下水激发极化曲线背景值：衰减度28%、综合参数曲线50%、半衰时750ms、激化率55%。

岩溶地区地下水分布极其复杂，综合起来可分为岩溶水、裂隙水和断层水。顾名思义，岩溶水是以岩溶为流通管道进行运移的地下水，岩溶地区地下水以此类型为主。因此，岩溶地区地下水位主要受岩溶控制，陡升陡降，在原始状态下没有"面"的概念。由此可见，调查地下水首先需要查找具有低阻、低速、高电磁波吸收系数等物理特性的地质体，再通过物探其他手段及地质分析，排除其他异常，确定地下水岩溶管道。

在库区4个可疑渗漏带地下水可能流经的部位布置了30条共计34.6km的EH4剖面进行岩溶调查，其中左岸13条，右岸17条，剖面方向与地下水流方向垂直。

在岩溶调查剖面上选取低阻异常点使用激发极化法进行探查，以确认地下水岩溶管道及其高程，了解水库蓄水后，可以确定地下水与库水的补排关系。

通过对库区30条剖面进行EH4连续电导率成像系统探查，共发现大小异常39处，结合激发极化法结果，通过分析与总结，这39处异常可归为以下几种类型：

1.非充填型高阻异常。此类异常有6处，均发育于右岸，规模大小不一，底部高程高于1050.00m，其电阻率大于2002.00m。通过与地质人员共同分析推断，该类异常分布于地下水位以上，属非充填型溶洞。在右岸二叠系可疑渗漏带 EH4 探查断面图中，其中桩号 180~260、高程 1060~1100m 处的高阻异常即为厅堂式大型龙潭麻窝溶洞。

2. 地下水管道型低阻异常。此类异常有 16 处，其中左岸 10 处，右岸 6 处，高程位于 850.00~1050.00m（均高于水库正常蓄水位）。异常电阻率小于 500m，激发极化反映：视电阻率曲线基本呈明显的 K 形，综合半衰时、综合参数、衰减度和极化率等曲线在 EH4 异常深度附近均有极大值，且极值大于背景值，之后呈明显下降趋势。在桩号 140~200、高程 850.00~900.00m 处的低阻异常即为右岸二叠系可疑渗漏带地下水流动系统中，由于溶洞边缘溶蚀破碎带潮湿含水，故异常范围较实际管道规模大。

3. 非管道型低阻异常。此类异常有 17 处，其中左岸 9 处、右岸 8 处，异常形状各异，高程位于 950.00~1100.00m，电阻率小于 1002m。根据其形状和异常物质可分为两类：

（1）呈封闭状，充填松散物质的溶洞。该类异常激发极化反映：视电阻率曲线基本呈明显的 K 形，综合半衰时、综合参数、衰减度和极化率等曲线在 EH4 异常深度附近均有极大值，但极值小于背景值，之后呈明显下降趋势。在左岸库首可疑渗漏带 EH4 探查断面图中，其中桩号 0~300、高程 1050.00~1100.00m 处的低阻异常为溶蚀发育区，局部发育串珠状小溶洞，溶蚀破碎带及小溶洞由黏土充填。

（2）呈层状的低阻地层。该地层为三叠系下新统夜郎组沙堡湾段碳质页岩。

第四节　主要岩溶地质问题勘察方法

一、区域岩溶水文地质问题勘察方法

1. 勘察目的与任务

为论证岩溶水文地质问题，需掌握区域岩溶水文地质条件，故应进行一般性或专门性的岩溶水文地质勘察。

2. 勘察内容

（1）区域地形地貌特征，包括新构造运动的特点、剥离面和阶地面的发育情况、区域地貌及河谷发育史，以及水文网变迁与岩溶的关系。

（2）对地层应进行可溶性和透水性的调查与研究，并进行岩溶层组类型的划分。

（3）区域地质构造格局及其与岩溶水文地质条件的关系。

（4）区域岩溶发育特征，包括地表、地下岩溶现象及其空间分布规律。

（5）区域水文地质条件，主要是岩溶水文地质单元、岩溶含水系统及流动系统的划分。

3. 勘察方法

（1）收集区域岩溶水文地质资料，并对工程区域岩溶水文地质条件进行复核。

（2）当缺乏区域岩溶水文地质资料时，应进行专门的岩溶水文地质调查与测绘，其范围应包括与水库、坝址可能出现的岩溶水文地质问题有关的地区，如河间、河湾地块、岩溶地下水的补给区等。测绘比例尺一般选用1:50000。

二、水库岩溶工程地质问题勘察方法

1. 水库岩溶工程地质勘察的特点

（1）水库岩溶工程地质勘察与非岩溶地区工程勘察的不同之处在于它不仅要对各种基础地质条件（自然地理、地形地貌、地层岩性、地质构造及物理地质现象）进行勘察，更重要的是围绕岩溶发育和岩溶水文工程地质条件，以及可能存在的岩溶渗漏、水库地震、塌岸、内涝与浸没等问题进行针对性勘察。

（2）水库岩溶工程地质勘察的范围较非岩溶地区要适当扩大，一般均应包括水库两岸的低邻谷，甚至范围更广，这是研究水库两岸岩溶渗漏的问题所必需的，而非岩溶地区一般至地形分水岭所包围的范围为限。

（3）由于岩溶发育在时空上的不均一性和岩溶水文地质条件的复杂性，以及研究内容与范围的宽广性，须利用多种勘察手段和方法进行研究，故通常情况下岩溶工程地质勘察的工作量较非岩溶地区要大得多。

2. 水库岩溶工程地质勘察的主要内容

水利水电工程水库岩溶工程地质勘察的内容较为广泛，从研究水库岩溶工程地质问题及解决成库条件的目的出发，主要从岩溶基础地质条件、岩溶发育的规律与发育程度、岩溶水文地质条件等三个方面进行研究。

（1）岩溶基础地质条件的研究。岩溶基础地质条件的研究主要包括三个方面的内容：首先研究与岩溶有关的基本地质结构，含水库区地形地貌、地层岩性及其展布特征、主要断裂面或结构面的规模、性状及展布特征，以及碳酸盐岩矿物化学成分的分析与溶蚀性试验等；其次为岩溶层组类型的划分，主要根据研究区地层岩性与分布特征、岩溶发育强度、透水程度划分为强岩溶化含水透水层、中等岩溶化含水透水层、弱岩溶化含水层、相对隔水层及隔水层等水文地质岩组；最后为区域构造应力场与河谷地貌及岩溶发育史的研究，通过对区域构造应力场的分析以判断不同结构面的导水性，从寻找地下水运动和岩溶发育的优势方向，通过对河谷地貌及岩溶水文网的演化等研究，可以为岩溶发育的继承性和发育规律的研究打下基础。

（2）岩溶发育规律与发育程度的研究。岩溶发育规律主要通过详细调查研究区各种单体岩溶形态和组合特征、平面及空间分布特征、发育层位及与结构面的关系、古岩溶发育情况等统计分析得出。对岩溶发育的程度主要靠岩溶洼地、岩溶管道、溶洞及岩溶泉调查和钻孔平硐揭露岩溶发育情况资料收集分析，结合室内可溶岩岩溶发育强度的研究，用线岩溶率、面岩溶率、岩溶体积率、钻孔遇溶洞率等定量指标综合评价岩溶的发育程度。

（3）岩溶水文地质条件的研究。岩溶水文地质条件研究从以下几个方面进行：

1）根据岩性和构造条件划分岩溶水文地质结构类型并确定岩溶含水层和隔水层的分布位置与性能，详细研究论证隔水层的可靠性；

2）分析论证每一个岩溶含水层（岩溶含水系统）补给、径流和排泄条件，特别查明河水与地下水的关系并确定河谷地下水动力类型；

3）通过岩溶地下水连通试验获取岩溶水渗流速度、比降、流态及流向等，为岩溶含水层的汇流研究和水文地质计算提供可靠的参数；

4）进行岩体渗透试验，获取岩体渗透系数和单位吸水量或吕荣值资料，并注重钻孔分段测压水位的研究，以便编制各种渗流网图和进行渗漏计算；

5）分析研究岩溶水的水化学、水温和同位素并建立研究区的水化学场、水温场和同位素场；

6）建立地下水动态长期监测网，监测水库、坝区以及地下分水岭地区在蓄水前后岩溶水文地质条件的变化规律，为进行岩溶渗漏分析、计算及处理提供重要资料。

3.水库岩溶工程地质勘察方法

由于水库岩溶工程地质条件的复杂性、研究内容的广泛性，必须采用多种勘察手段和方法进行研究。根据多年岩溶地区勘察工作经验总结，并结合先进的遥感技术与物探测试技术的应用，水库岩溶工程地质勘察的方法主要有基础资料分析研究、工程地质及岩溶水文地质测绘、钻探、水文地质与地下水化学试验、溶洞调查与洞探追索、地球物理勘探、岩溶地下水的动态观测等。

（1）基础资料的收集与分析研究。主要收集分析研究区的区域（1/20万~1/5万）地形地质资料、岩溶水文地质资料、遥感判释资料等，室内宏观初步把握研究区地形地貌、地质结构（地层岩性与地质构造）等基础地质条件与岩溶水文地质条件，分析研究岩溶发育的优势部位、方向及层位，以及勘察区现代地貌与水文网及古地貌与水文网的关系，初步确定现场岩溶水文地质调查的重点与方向。

（2）工程地质与水文地质测绘。在对室内资料分析研究的基础上，工程地质与水文地质测绘主要是实地调查研究区的基础地质及岩溶地质条件，包含地形地貌调查与研究、地质结构调查与研究、岩溶及水文地质条件调查研究等。通过现场调查，初步分析评价可能产生岩溶渗漏、岩溶塌陷、岩溶诱发地震及岩溶淹没与浸没的部位，明确实物勘探工作布置重点、原则、方案与相关水文地质与水化学试验内容。

1）地形地貌调查与研究。地形地貌调查与研究的主要内容包括河谷阶地与剥离面发育情况、库盆外围有无低邻谷、分水岭是否单薄、有无低矮垭口及是否为河湾地形等，分析判断是否存在库区渗漏的地形条件、岩溶发育与各高程岩溶发育特点。若邻谷水位高于水库正常蓄水位则不存在水库邻谷渗漏问题，而邻谷水位低于水库正常蓄水位的河间地块、河湾地段则可能发生岩溶渗漏问题。

2）地质构造调查与研究。地质构造调查与研究主要包括两方面的内容：一是可溶岩的可溶性，可溶岩与非可溶岩（隔水层或相对隔水层）的岩性、厚度、接触与组合关系，产状与空间分布情况等；二是调查断层性质、规模、产状及分布特征，断层是否错断，隔水层或相对隔水层形成构造切口及构造切口的规模等。分析隔水层或相对隔水层的隔水性能、连续性及库盆范围内封闭情况、有无岩溶渗漏的地质结构条件。若河间或河湾地块有连续稳定的隔水层（或相对隔水层）分布则不存在岩溶渗漏问题，而当可溶岩连通库外低邻谷（或河间地块上下游），或受断层切割错断致库内外可溶岩组成同一含水系统时，则可能产生水库岩溶渗漏问题。

3）岩溶发育程度与发育规律调查研究。岩溶发育程度与发育规律调查的主要内容包括岩溶形态类型、规模、空间组合分布情况、岩溶发育特征等，统计岩溶发育率、分析岩溶发育与岩性、地质构造、地表与地下水（补、径、排）、排泄基准面、河谷发育史与地下水文网演变等的关系，研究水库正常蓄水位以下是否存在连通库内外的岩溶管道及其规模、发育高程，以及水库渗漏的位置、形式等。

4）水文地质条件调查研究。水文地质条件调查的主要内容为库区岩溶水文地质结构类型、泉水点与岩溶管道水及地下暗河的出露层位、位置、分布特征与岩溶水的补给、径流、排泄条件等，分析河水与地下的关系并确定岩溶水动力类型、地下分水岭的位置与高程及岩溶水文地质参数，研究水库可能产生岩溶渗漏的位置、途径、范围、渗漏量及渗漏影响。

（3）钻探。库区岩溶勘察中，钻探是获取地面以下浅部及深部地层、构造及岩溶水文地质资料的重要手段，通过钻探不但可以进行水库区地质结构探查、岩性分层、探查岩溶发育强度、岩溶形态与分布高程、岩溶规模及充填物性状，还可以利用它进行地下水长期观测，获取研究部位地下水位动态资料，以及进行压水试验、抽水试验、注水试验、示踪剂试验等水文地质试验与相关物探测试、地下水流速、流向、水温等各种测试工作，达到一孔多用、综合勘察的目的。水库岩溶渗漏勘察中的钻孔一般布置于可疑渗漏带的地下分岭位置或构造切口位置，多为深孔，孔数视勘察部位岩溶与水文地质条件的复杂程度而定，以查明可疑渗漏带地下分水岭或构造切口位置岩体的岩溶化程度、可能渗漏通道（岩溶管道）的最低高程、地下水位高程及变幅、渗漏范围为原则。

（4）水文地质试验。水文地质试验是为测定水文地质参数和了解地下水的运动规律而进行的试验工作，在水库岩溶工程地质勘察中，水文地质试验主要包括钻孔压水试验、注水试验、抽水试验、地下水示踪试验、地下水位长观等。其中重点是地下水位长观及示踪试验，其对判断库区地下水的补给、径流、排泄特征及地下分水岭位置与高程等至关重要。示踪试验的主要目的是确定地下水流向、流速、各含水层之间的水力联系、地下水补排关系等。在水库岩溶工程地质勘察中示踪剂一般选用酸性大红、荧光素、食用色素等，由库区分水岭地带钻孔或有水的落水洞与岩溶洼地中注入，并于可能排泄口观测，根据示踪剂随地下水的流程、时间、注入浓度与排出口浓度对比，判断地下水流向、补给范围、补给量及相邻地区地下水与地表水的关系，并估算岩溶地下水流速及地下岩溶管道等通畅程度。

（5）溶洞调查与洞探追索。通过溶洞规模、形态调查，不仅可以了解岩溶发育与岩性、构造的关系，还可能分析其形成的水动力条件，判断溶洞的连通性。

洞探追索是对特殊重要部位岩溶勘察的一种有效勘察方法，洞探追索岩溶勘察一般随岩溶发育的主方向进行，对次发育方向可增加支洞探查，以查明岩溶的最优发育层位、方向、长度、岩溶形态、空间分布等特征，分析岩溶发育的规律、强度，若遇较大的岩溶空腔或揭露岩溶管道水、岩溶暗河，可结合进行溶洞调查及地下水连通试验等，查明岸坡地下水流速、流向及水力坡降。

（6）地球物理勘探。水库岩溶工程地质勘察中常用的物探方法主要有电磁法勘探（EH4、瞬变电磁法）、探地雷达、钻孔 CT 等。

连续电导率剖面成像法（EH4）是目前库区岩溶勘测中最常用的一种物探方法，其勘探原理是基于岩体与异常体之间存在视电阻率差异，在应用电磁学理论的基础上，通过采集天然电磁场和人工建立的可探电磁场，在一定距离的远场区观测电场与磁场的变化，绘制测区视电阻率等值线图，根据视电阻率变化情况来确定地下地质异常体。EH4 电法勘探深度可达上千米，适合库区分水岭地带、河间或河湾地块分水岭地势开阔地带地下岩溶及水文地质勘察，通过索风营、大花水、格里桥等项目库区岩溶探测成果及验证情况，效果较好。

钻孔 CT 主要应用于岩溶管道或溶蚀异常区的精确探测，其探测岩溶异常体精度较高，但需钻孔配合使用，且孔间最佳探测距离为 30m，库区探测主要应用于构造缺口及可能产生岩溶塌陷的关键部位。

探地雷达探测地下岩溶最佳深度为 50m 以内，库区岩溶勘察主要应用于可能发生岩溶塌陷的库首一带。

（7）岩溶地下水的观测。岩溶地下水观测一般是指水位观测、流量观测，在岩溶水文地质条件复杂地区结合进行水温观测。

岩溶地下水水位是水库产生渗漏与否的直接判别证据之一，通过水位观测可以分析岩溶地下水的水动力特性，以及邻谷、河间或河湾地块是否存在地下分水岭及其地下分水岭的位置与高程，评价水库岩溶渗漏、淹没及浸没等工程地质问题。

流量观测是通过观测大气降雨量、地表水、自流孔、岩溶管道水（泉水）、地下暗河等流量，通过观测大气降雨及地表水与岩溶地下水变化的对应关系、地下水流量等确定地下水补给区（汇水面积）、径流、排泄特征，划分岩溶含水及径流排泄系统、岩溶发育程度，确定地下分水岭位置，综合钻孔水位、岩溶发育程度，评价水库岩溶渗漏等工程地质问题。

地下水受地温场的影响，水温一般随着深度的增加而增加，在深部与地温接近一致。地下水在迁移运动过程中受流经介质的影响或岩溶管水的混合，其水温常出现一定的突变现象，通过对地下水水温的观测，分析水温与气温、深度的变化关系、水温异常情况及规律，可判别岩溶含水与透水介质类型、地下水动力特性及岩溶管道与渗漏通道的位置。

（8）岩溶地下水的水化学试验。研究岩溶含水层地下水的化学特性，可以确定岩溶水流性质、岩溶含水介质类型，划分不同的岩溶含水系统，综合确定各岩溶含水系统间或分岭地带地下水分岭位置，分析可能产生岩溶渗漏的部位。在水库岩溶地质勘察中，一般以取钻孔水样、泉水样、溶洞水样等进行水质分析试验，分析含水层类型及地下水流经地层，结合测绘地质资料综合确定各岩溶含水系统、岩溶管道与地下水分水岭位置，评价水库岩溶相关工程地质问题。

第六章　地下水污染与修复技术

近年来，地下水污染逐渐成为影响我国国民经济发展和人民群众健康的突出性环境问题。大量的研究和数据统计表明，在我国，97%的城市地下水受到了不同程度的污染，其中40%有加重的趋势。我国地下水的污染程度逐渐加重，污染由城市向周边、由浅层向深层逐步蔓延，地下水污染形势越来越严峻，地下水污染修复工作需要立即展开。本章主要对地下水污染与修复技术进行论述。

第一节　地下水污染

引起地下水污染的物质称为地下水污染物。地下水受人类活动影响较大，其污染物质种类繁多，主要包括合成有机化合物、碳氢化合物、无机阴阳离子、病原体热量以及放射性物质等。这些物质中，大部分溶解于水，具有不同的溶解度，这类物质被称为溶质；但是有些有机化合物溶解度非常小，几乎不溶于水，被称为非水相。根据其密度是否大于水的密度，非水相可分为重的非水相和轻的非水相。通常说的地下水污染一般是指溶解的污染物质所造成的污染，但目前随着现代工业和农业的发展，非水相污染物质所引起的污染也越来越严重。溶质随地下水运移，而非水相物质和水组成二相流或多相流。

地下水污染物种类繁多，按其性质可以分为三类，即化学污染物、生物污染物和放射性污染物。地下水中污染物含量的多少可以通过取样分析检测出来。当浓度较低时，大部分污染物质无色、无味、无臭。许多污染物质潜于地下水中，由于没有相对应的检测技术，因此仍有一些污染物质尚未被发现。

一、化学污染物

化学污染物是地下水污染物的主要组成部分，种类多、分布广。为研究方便，按它们的性质亦可分为两类：无机污染物和有机污染物。

1. 无机污染物

地下水中最常见的无机污染物是NO_3^-、NO_2^-、NH_4^+、Cl^-、SO_4^{2-}、F^-、CN^-、总

溶解性固体及重金属汞、镉、铬、铅和类金属砷等。其中，总溶解性固体 Cl^-、SO_4^{2-}、NO_3^- 和 NH_4^+ 等为无直接毒害作用的无机污染物，当这些组分达到一定的浓度之后，有可利用价值，但也会对环境（甚至对人类健康）造成不同程度的影响或危害。

硝酸盐在人的胃中可以还原为亚硝酸盐，亚硝酸盐与仲胺作用会形成亚硝胺，而亚硝胺则是致癌、致突变和致畸的所谓"三致物质"。此外，饮用水中硝酸盐过高还会在婴儿体内产生变性血色蛋白症。亚硝酸盐、氟化物、氰化物及重金属汞、镉、铬、铅和类金属砷是有直接毒害作用的一类无机污染物。根据毒性发作的情况，此类污染物可分两种：一种是毒性作用快，易为人们所注意；另一种则是通过在人体内逐渐富集，达到一定浓度后才显示出症状，不易被人们及时发现，但危害一旦形成，后果可能十分严重，如在日本所发现的水俣病和骨痛病。对于有直接毒害作用的非金属的氰化物及重金属中的汞、镉、铬、铅和类金属砷等，国际上公认其为六大毒性物质，现就其来源、污染特征及对人类的危害分别简述如下。

非金属无机毒性物质——氰化物

氰化物是剧毒物质，急性中毒时会抑制细胞呼吸，造成人体组织严重缺氧。排放含氰废水的工业主要有电镀，焦炉和高炉的煤气洗涤，金、银选矿和某些化学工业等，含氰废水也是比较广泛存在的一种污染物。电镀废水的氰含量一般在 20~70mg/L，通常为 30~35 mg/L；在焦炉或高炉的生产过程中，煤中的炭与氨或甲烷与氰化合成氰化物，焦化厂粗苯分离水和纯苯分离水中含氰一般可达 80 mg/L；矿石中提取金和银也需要氰化钾或氰化钠，因此金、银的选矿废水中也含有氰化物。

有机氰化物称为腈，是化工产品的原料，如丙烯腈（$CH_2=CHCN$）是制造合成纤维、聚烯腈的基本原料。有少数腈类化合物在水中能够解离为氰离子（CN^-）和氢氰酸（HCN），所以其毒性与无机氰化物同样强烈。

世界卫生组织（WHO）要求饮用水中氰化物含量不得超过 0.07 mg/L；美国环保局（USEPA）规定饮用水中氰化物含量不得超过 0.02 mg/L；我国饮用水标准规定氰化物含量不得超过 0.05mg/L，农业灌溉水质标准规定氰化物含量不得超过 0.5mg/L。

类金属无机毒性物质——砷

砷（As）是常见污染物之一，也是对人体毒性作用比较严重的无机有毒物质之一。三价砷的毒性远远高于五价砷。对人体来说，亚砷酸盐的毒性作用比砷酸盐大 60 倍，因为亚砷酸盐能够与蛋白质中的硫基反应，而三甲基砷的毒性比亚砷酸盐更大。砷也是累积性中毒的物质，当饮用水中砷含量大于 0.05 mg/L 时，就会导致砷的累积。近年来研究发现，砷还是致癌（主要是皮肤癌）元素。工业排放含砷废水的有化工、有色冶金、炼焦、火电、造纸、皮革等企业，其中冶金、化工排放砷量较高。

世界卫生组织在《饮用水水质准则》中要求，饮用水中砷含量不得超过 0.01 mg/L；美国环保局在《美国国家饮用水水质标准》中规定，饮用水中砷含量不得超过 0.01 mg/L；我国饮用水标准规定，砷含量不应超过 0.05mg/L，农田灌溉砷含量不应超过 0.05mg/L，渔业用水砷含量不应超过 0.1 mg/L。

重金属无机毒性物质

从毒性和对生物体的危害方面来看，重金属污染物有以下特点：在天然水体中只要有微量浓度即可产生毒性效应，一般重金属产生毒性的浓度范围为 1~10 mg/L，毒性较强的重金属有汞、镉等，产生毒性的浓度范围为 0.001~0.011 mg/L；微生物不仅不能降解重金属，相反地，某些重金属还可能在微生物作用下转化为金属有机化合物，产生更大毒性，汞在厌氧微生物作用下的甲基化就是这方面的典型例子。生物体从环境中摄取重金属，经过食物链的生物放大作用，逐级地在较高级的生物体内成千上万倍地富集起来，使重金属能够通过多种途径（食物、饮水、呼吸）进入人体。甚至通过遗传和母乳途径侵入人体；重金属进入人体后能够与生理高分子物质（如蛋白质和酶等）发生强烈的相互作用而使它们失去活性，也可能累积在人体的某些器官中，造成慢性累积性中毒，最终造成危害，这种累积性危害有时需要 10~20 年才显示出来。

（1）汞

汞是重要的污染物，也是对人体毒害作用比较严重的物质。汞是累积性毒物，无机汞进入人体后随血液分布于全身组织，在血液中遇氯化钠生成二价汞盐，累积在肝、肾和脑中，达到一定浓度后毒性发作。其毒理主要是汞离子与酶蛋白的硫基结合，抑制多种酶的活性，使细胞的正常代谢发生障碍。在体内的甲基汞约有 15% 累积在脑内，侵入中枢神经系统，破坏神经系统功能。甲基汞是无机汞在厌氧微生物的作用下转化而成的。含汞废水排放量较大的是氯碱工业，在工艺上以金属汞做流动阴电极，以制成氯气和苛性钠，有大量的汞残留在废水中。聚氯乙烯、乙醛、醋酸乙烯的合成工业均以汞做催化剂，因此工业废水中含有一定数量的汞。此外，在仪表和电气工业中也常使用金属汞，排放含汞废水。

世界卫生组织要求饮用水中总汞（包括无机汞和有机汞）含量不得超过 0.001 mg/L，美国环保局规定饮用水中无机汞含量不得超过 0.002 mg/L；我国饮用水、农田灌溉水都要求总汞的含量不得超过 0.001 mg/L，渔业用水要求更为严格，总汞含量不得超过 0.000 5 mg/L。

（2）镉

镉是一种比较常见的污染物。镉是一种典型的累积富集型毒物，主要累积在肾脏和骨骼中，可引起肾功能失调，骨质中的钙被镉所取代，使骨骼软化，引起自然骨折。这种病的潜伏期长，短则 10 年，长则 30 年，发病后很难治疗。

世界卫生组织在《饮用水水质准则》中要求，饮用水中镉含量不得超过 0.003mg/L；美国环保局在《美国国家饮用水水质标准》中规定，饮用水中镉含量不得超过 0.005 mg/L；我国饮用水标准规定，镉的含量不得超过 0.01mg/L，农业用水与渔业用水标准规定镉的含量要小于 0.005 mg/L。镉主要来自采矿、冶金、电镀、玻璃、陶瓷、塑料等生产部门排出的废水。

（3）铬

铬是一种比较普遍的污染物。铬在水中以六价和三价两种形态存在，三价铬的毒性低，作为污染物所指的是六价铬。人体大量摄入六价铬能够引起急性中毒，长期少量摄入也能引起慢性中毒。六价铬是卫生标准中的重要指标，世界卫生组织在《饮用水水质准则》中要求，饮用水中总铬含量不得超过 0.05mg/L；美国环保局在《美国国家饮用水水质标准》中规定，饮用水中总铬含量不得超过 0.1 mg/L；我国要求饮用水中铬的含量不得超过 0.05 mg/L，农业灌溉用水与渔业用水中铬的含量应小于 0.1 mg/L。

排放含铬废水的工业主要有电镀、制革、铬酸盐生产以及铬矿石开采等。电镀车间是产生六价铬的主要来源，电镀废水中铬的含量一般在 50~100 mg/L；生产铬酸盐的工厂，其废水中六价铬的含量一般在 100~200mg/L；皮革鞣制工业排放的废水中六价铬的含量约为 40 mg/L。

（4）铅

铅对人体也是累积性毒物。美国资料报道，成年人摄取铅 0.32 mg/d 时，人体可排出而不产生累积作用；摄取 0.5~0.6 mg/d 时，可能有少量累积，但尚不至于危及人体健康；摄取量超过 10 mg/d 时，将在体内产生明显的累积作用，长期摄入会引起慢性铅中毒。其毒理是铅离子与人体内多种酶配合，从而扰乱了机体多方面的生理功能，可危及神经系统、造血系统、循环系统和消化系统。

世界卫生组织在《饮用水水质准则》中要求，饮用水中铅含量不得超过 0.01 mg/L；美国环保局在《美国国家饮用水水质标准》中规定，饮用水中铅必须处理至 0.015 mg/L 以下；我国饮用水要求铅的含量小于 0.05 mg/L，渔业用水及农田灌溉用水都要求铅含量小于 0.1 mg/L。铅主要来自采矿、冶炼、化学、蓄电池、颜料工业等排放的废水。

2. 有机污染物

目前，地下水中已发现有机污染物 180 多种，主要包括芳香烃类、卤代烃类、有机农药类、多环芳烃类与邻苯二甲酸酯类等，且数量和种类仍在迅速增加，甚至还发现了一些没有注册使用的农药。这些有机污染物虽然含量甚微，但其对人类身体健康却造成了严重的威胁。因而，地下水有机污染问题越来越受关注。世界卫生组织在《饮用水水质准则》中对来源于工业与居民生活的 19 种有机污染物、来源于农业活动的 30 种有机农药、来源于水处理中应用或与饮用水直接接触材料的 18 种有机消毒剂及其副产物给出了限值。美国环保局在《美国国家饮用水水质标准》88 项指标中，有机污染物控制指标占有 54 项。

人们常常根据有机污染物是否易于被微生物分解而将其进一步分为生物易降解有机污染物和生物难降解有机污染物两类。

生物易降解有机污染物——耗氧有机污染物

这一类污染物多属于碳水化合物、蛋白质、脂肪和油类等自然生成的有机物。这类物质是不稳定的，它们在微生物作用下，借助于微生物的新陈代谢功能，大部分能转化为稳定的无机物。如在有氧条件下，通过好氧微生物作用转化，能产生 CO_2 和 H_2O 等稳定物质。这一分解过程都要消耗氧气，因而称之为耗氧有机污染物。在无氧条件下，则通过厌氧微生物作用，最终转化形成 H_2O、CH_4、CO_2 等稳定物质，同时放出硫化氢、硫醇等具有恶臭味的气体。

耗氧有机污染物主要来源于生活污水以及屠宰、肉类加工、乳品、制革、制糖和食品等以动植物残体为原料加工生产的工业废水。这类污染物一般都无直接毒害作用，它们的主要危害是其降解过程中会消耗溶解氧（DO），从而使水体 DO 值下降，水质变差。在地下水中此类污染物浓度一般都比较小，危害性不大。

生物难降解有机污染物

这类污染物性质比较稳定，不易被微生物所分解，能够在各种环境介质（大气、水、生物体、土壤和沉积物等）中长期存在。一部分生物难降解有机污染物能在生物体内累积富集，通过食物链对高营养等级生物造成危害性影响，蒸气压大，可经过长距离迁移至遥远的偏僻地区和极地地区，在该环境浓度下可能对接触该化学物质的生物造成有害或有毒效应。这类有机污染物又称为持久性有机污染物（POPs），其是目前国际研究的热点。

POPs 一般具有较强的毒性，包括致癌、致畸、致突变、神经毒性、生殖毒性、内分泌干扰特性、导致免疫功能减退特性等，严重危害生物体的健康与安全。2001 年 5 月，

127 个国家的环境部长或高级官员代表各自政府在瑞典首都斯德哥尔摩共同签署了《关于持久性有机污染物的斯德哥尔摩公约》（简称《POPs 公约》），至今已有 151 个国家签署了该公约。《POPs 公约》中首批控制的 POPs 共有三大类 12 种化学物质。杀虫剂包括艾氏剂（Aldrin）、狄氏剂（Dieldrin）、异狄氏剂（Endrin）、氯丹（Chlordane）、七米（Heptachlor）、灭蚁灵（Mirex）、毒杀芬（Toxaphene）、滴滴梯（DDT），其中曾应用最为普遍的是滴滴梯。杀菌剂指六氯苯（Hexachlorobenzene），主要用于防治真菌对谷类种子外膜的危害。多氯联苯于 1929 年首次在美国合成，由于其具有良好的化学性质、热稳定性、惰性及介电特性，常被用作增塑剂、润滑剂和电解液，工业上广泛用于绝缘油、液压油、热载体等。

化学品的副产物主要是多氯代二苯和多氯代二苯并呋喃（PCDFs）。它们主要来源于城市和医院废弃物的燃烧过程、热处理过程、工业化学品加工过程等。

除以上 POPs 外，其他几种环境内分泌的干扰物（也称环境激素）也不容忽视，如烷基酚、双酚 A、邻苯二甲酸酯等，其自身或降解中间产物具有难降解和内分泌干扰特性。虽然是微量污染物，但长期接触对人类的健康有严重的负面影响。

石油烃中含有多种有毒物质，其毒性按烷烃、环烷烃和芳香烃的顺序逐渐增加。现已确认，在具有致癌、致畸和致突变潜在性的化学物质中，有许多就是石油或石油制品中所含的物质（如 3，4- 苯并芘、苯并蒽等）。石油进入水环境后，会对动物、水生物和人类等产生严重的危害。石油烃可以使水体中植物体内的叶绿素及其脂溶性色素在植物体外或细胞外溶解析出，使之无法进行正常的光合作用而大量死亡，破坏水体生态系统的平衡。当水中石油浓度为 0.01 mg/L 时，鱼类在一天之内会出现油臭而降低食用价值；浓度为 20 mg/L 时，鱼类将不能生存。石油进入人体后，能溶解细胞膜，干扰酶系统，引起肾和肝等内脏发生病变。

虽然石油中主要是碳、氢两种元素，但这两种元素可以按一定的数量和空间关系结合成许多石油烃，主要有烷烃（正构烷烃和异构烷烃）、环烷烃和芳香烃（纯芳香烃和环烷芳香烃）三种烃类，但不同油品中各种烃类的比例相差很大。

（1）烷烃

烷烃分正构烷烃和异构烷烃，它们以气态、液态和固态存在于石油中。

1）正构烷烃。正构烷烃在原油中的含量一般占 15%~20%，有时也可能很低，原油中已鉴别出了 C1~C40 的各种正构烷烃，还有少数超过 C40 的正构烷烃。在大多数原油中，高碳数的正构烷烃含量随碳原子数增加而有规律地减少。

2）异构烷烃。原油中已鉴别出许多种异构烷烃，但 C10 以内的异构烷烃含量较高。

在 C5~C8 范围内，最常见的是一个叔碳原子（2- 甲基或 3- 甲基）的构型，其次是两个叔碳原子的构型，其他类型少见。

（2）环烷烃

环烷烃分为单环、双环、三环和多环四种类型。在低分子烷烃（C10 以内）中，环乙烷、环戊烷及其衍生物是石油的主要组分，特别是甲基环乙烷和甲基环戊烷常常是最丰富的。大部分碳原子数少于 10 个的烷基环烷烃是环戊烷或环乙烷的衍生物，仅有少量是双环的。中等到重馏分（C10~C35）的环烷烃一般有 1~5 个五元环和六元环，其中单环和双环烷烃占环烷烃总量的 50%~55%，在这些高相对分子质量的化合物中常有一个长链和几个短甲基或乙基链。石油中各种单、双环烷烃的丰度随相对分子质量（碳原子数）的增加而有规律地减小。

（3）芳香烃

纯芳香烃是只包含芳环和侧链的分子，它们通常包含 1~5 个缩合环和少数短链。几种基本类型的芳香烃化合物有苯（Benzene）（1 环）、萘（Naphthalene）（2 环）、菲（Phenan-threne）和蒽（Anthracene）（3 环）、苯并蒽（4 环），其通式为 C_nH_{2n}-P，式中 P 随环数变化。

苯（P=6）、萘（P=12）和菲（P=18）三种类型的化合物是最丰富的，每一类型中多数组分常常不是母体化合物，而是带 1~3 个碳原子的烷基衍生物。如烷基苯中的主要组分是甲苯（可占原油的 1.8%），有时是二甲苯（邻间、对二甲苯含量可占原油的 1.3%），而苯通常是不多的（可达原油的 1%），同样情况对萘型化合物也是适合的。有人认为，萘、菲系列的分子大部分是由甾类、萜类化合物裂解而形成的，那么二甲基和三甲基衍生物含量占优势的现象就得到了合理的解释。

环烷芳香烃可以有各种结构形式，双环（1 个芳环和 1 个饱和环）的茚满、萘满（四氢化萘）和它们的甲基衍生物一般很丰富，三环的四氢化菲及其衍生物也比较常见，四环和五环分子多半与甾族化合物和萜烯化合物的结构有密切关系。

多环芳香族化合物（PAHs）包括萘、蒽、菲、芘、苯并（a）萘和苯并（a）芘（BaP）等，以含有多个易断的苯环而著称。所有的石油制品中都含有多环芳烃，尤其在煤焦油和渣油中富集。

综上所述，尽管各种石油的烃类组成有相似之处，但各烃类本身是很复杂的，烃的数量很多，含量相差很大，但一般只有少数烃占有重要地位。

此外，石油中还含有非烃化合物。非烃化合物是指分子结构中除含碳、氢原子外，还含有氧、硫、氮等杂原子的化合物，主要有含氧化合物、含硫化合物、含氮化合物及胶质和沥青质。氧、硫、氮三种元素一般仅占石油的2%左右，其化合物却占10%~20%。这些非烃组分主要集中在石油高沸点馏分中，且各种石油中非烃组分与烃类组分之间的比例相差很大。石油中非烃化合物在数量上不占主要地位，它的组成和分布特点对石油的性质却有很大影响。例如，石油中含硫化合物的多少直接影响着原油的质量好坏。

二、生物污染物

地下水中生物污染物可分为三类：细菌、病毒和寄生虫。在人和动物的粪便中有400多种细菌，已鉴定出的病毒有100多种。在未经消毒的污水中含有大量的细菌和病毒，它们有可能进入含水层污染地下水。而污染的可能性与细菌和病毒的存活时间、地下水流速、地层结构、pH等多种因素有关。

用作饮用水指标的大肠菌类在人体及热血动物的肠胃中经常发现，它们是非致病菌。在地下水中曾发现，并引起水媒病传染的致病菌有霍乱弧菌（霍乱病）、伤寒沙门氏菌（伤寒病）、志贺氏菌、沙门氏菌、肠道产毒大肠杆菌、胎儿弧菌、小结肠炎耶氏菌等，后五种病菌都会引起不同特征的肠胃病。

病毒比细菌小得多，存活时间长，比细菌更容易进入含水层。在地下水中曾发现的病毒主要是肠道病毒，如脊髓灰质炎病毒、人肠道弧病毒、甲型柯萨奇病毒、新肠道病毒、甲型肝炎病毒、胃肠病毒、呼吸道肠道病毒、腺病毒等，而且每种病毒又有多种类型，对人体健康危害较大。

寄生虫包括原生动物、蠕虫等。在寄生虫中值得注意的有梨形鞭毛虫、痢疾阿米巴和人蛔虫。

第二节 地下水污染修复

一、地下水污染原位修复技术

（一）反应渗透墙修复技术

根据美国环保局发行的《污染物修复的PRB技术》手册，反应渗透墙修复技术被定义为是一个填充有活性反应材料的被动反应区，当污染地下水通过时污染物能被降解或固定。其中污染物靠自然水力传输通过预先设计好的介质时，溶解的有机物、金属、核素等污染物被降解、吸附、沉淀或去除。屏障中含有降解挥发性有机物的还原剂、固定金属的络（整）合剂、微生物生长繁殖所需要的营养物和氧气、用以增强生物处理的试剂或其他试剂。

PRB 技术作为污染地下水的原位修复技术，其主要优点是不需泵抽和地面处理系统，且反应介质消耗很慢，有几年甚至几十年的处理能力，除需长期监测外，几乎不需运行费用，能够长期有效运作，不影响生态环境。

目前，欧美一些发达国家已对其进行了大量的试验及工程技术研究，并投入了商业应用。在我国，PRB 技术仍处于试验摸索阶段。

PRB 是一种原位被动修复技术，一般安装在地下含水层中，垂直于地下水流方向。当地下水流在自身水力梯度作用下通过 PRB 时，污染物与墙体材料发生化学反应而被去除，从而达到环境修复的目的。PRB 一旦安装完毕，除某些情况下需要更换墙体反应材料外，几乎不需要其他运行和维护费用。

PRB 由反应单元和隔水漏斗两部分组成，其中反应单元用来放置反应介质（如铁屑）。例如，当被有机氯化物污染的地下水流经反应单元时，有机氯化物与反应介质接触，被降解为无毒的非卤化有机化合物和无机氯化物。

PRB 可安装成连续反应单元(continue usreactive barrier)、隔水漏斗—导水门(funnel and gate) 系统。在隔水漏斗—导水门中，反应单元为反应墙的一部分，隔水漏斗嵌入隔水层中，以防止污染的地下水通过渗流进入下游未污染区。隔水漏斗由封闭的片桩或泥浆墙组成，用来引导或汇集地下水，使其流向渗透性反应单元，这种结构有时能更好地截获污染羽状体。例如，当污染物分布不规则时，隔水漏斗—导水门系统能更好地将进入反应单元的污染物浓度均质化。

根据不同的水文地质条件，隔水漏斗可选用不同的形状，也可采用将隔水漏斗—导水门与沉箱（Cassion）联合布置，它适用于污染羽状体较宽和地表水流速较大的地方，尤以当反应单元或导水门的尺寸受安装条件限制时，以确保污染物有足够的停留时间。另外，也可以另一种方式布置，它应用于污染物浓度较大的地方，而这种连续装填的反应介质可确保污染物被彻底降解。

PRB 常用的有以下两种基本结构：

1. 隔水漏斗—导水门式结构。此种结构适用于埋藏浅的大型的地下水污染羽状体，地下水通过比较小的渗透反应门，优点是反应介质的装填量减少，缺点是干扰了天然地下水的流场。

2. 连续反应单元的结构。用于地下水污染的羽状体较小时，墙体垂直于污染羽状体的迁移途径，横切整个羽状体的宽度和深度，优点是对天然地下水流场干扰小，易于设计。

无论上述哪一种类型，关键是要找到合适的去污物质，因为去污物质必须做到去污达标、不产生次生污染、处理成本低廉，否则不能大量推广和投入商业运作。

PRB 的技术优势及其存在的问题如下。

1.PRB 的技术优势

当污染物沿地下水水流方向进入反应渗透墙处理系统时，在具有较低渗透性的化学活性物质的作用下，发生沉淀反应、吸附反应、催化还原反应或催化氧化反应，使污染物转化为低活性的物质或降解为无毒的成分。因此，与传统的地下水处理技术相比较，该技术是一个无须外加动力的被动系统。特别是，该处理系统的运转在地下进行，不占地面空间，比原来的泵取地下水的地面处理技术要经济、便捷。由于其在原地直接处理，无须储存、运输及清理工作，可以节省开支。实践表明，采用该技术的运转费用相当低廉，是一项值得研究和推广的用于土壤及地下水污染修复的创新技术。

2.PRB 存在的问题

（1）PRB 技术修复机制研究还不够。如很多研究都着眼于如何在理想条件下，利用活性物质处理污染物，然后探讨进一步推广的可能性，基本不涉及吸附机制的研究。吸附并不是简单的过程，深入研究吸附机制对于正确评价污染物原位修复处理非常关键。如吸附是通过络合作用发生的，那么被吸附的污染物将非常稳定，不易再活化，但如果只是简单的静电吸附，则当环境条件改变时，被吸附的污染物就可能活化，重新污染地下水。PRB 的氧化还原和生物降解去除的研究中也存在同样的问题。

（2）PRB 技术应用范围还应扩展。虽然 FeO 墙已经由处理传统的重金属离子、PCE 以及 TCE 扩展到处理 N、P 等营养元素和 TCA 等其他氯代有机物，但其处理对象还可进一步扩展，如石油烃类污染物也可尝试采用 FeO 墙处理。另外，PRB 技术还可与其他地下水处理技术相结合，形成一套综合的地下水处理系统。如在生物通气法、生物冲淋法等治理地点，建造一圈反应墙，这样不但可以继续有效地降解生物通气法等未降解的污染物，而且防止了这些未降解的污染物迁移扩散，以免对周围其他地区造成污染。

（二）气相抽提技术

气相抽提（Vapor Extraction，VEC）技术是利用真空泵和井，在受污染区域诱导产生气流，将被吸附的、溶解状态的或者自由相的污染物转变为气相（气化），抽到地面，然后进行收集和处理。

典型的气相抽提系统包括抽提井、真空泵、气—水分离装置、气收集管道、气体净化处理设备和附属设备等。

气相抽提技术的主要优点包括：1.能够原位操作，比较简单，对周围的干扰能够限制在尽可能小的范围之内；2. 非常有效地去除挥发性有机物；3. 在可接受的成本范围之内能够尽可能多地处理受污染土壤；4. 系统容易安装和转移；5. 容易与其他技术组合使用。在美国，气相抽提技术几乎已经成为修复受加油站污染的土壤和地下水的"标准"技术。气相抽提技术的气流可以是负压诱导产生的，也可以是正压形成的。抽提井可以是竖向结构，也可以是水平结构。

气相抽提技术的基础是土壤污染物具有挥发特性。当空气在孔隙中流动时，土壤中的污染物质不断挥发，形成的蒸气随着气流迁移至抽提井，集中收集抽提出来，再进入地面净化处理。因此，抽提技术可行与否，取决于污染物质的挥发特性和气流在土层中的渗透特性。气相抽提技术适合应用在均匀性和渗透性比较好的不饱和带，其影响因素包括以下方面。

1. 土壤的密度和孔隙率

单位体积土壤的质量称为土壤的密度。土壤中孔隙体积与总体积的比值称为土壤的孔隙率，孔隙率的大小在一定程度上反映了土壤渗透能力的大小。土壤的渗透性影响着土壤中的空气流速和气相运动，所以土壤渗透性的降低会减弱气相抽提的效果。同样，气流迁移路径的长度增加以及气流横断面面积的减少也会降低气相抽提的效果。渗透性较差的土壤需要高的真空度来维持相同的气流率。同时，影响区域也会受到影响，此时需要更多的井来弥补。

2. 土壤吸附

土壤吸附有机污染物有两种途径：一是通过土壤的有机质组分，二是通过它表面的矿物吸附点。将污染物吸附到土壤的有机质或者矿物黏土的表面上，不但会增加土体中污染物的含量，而且会降低气相抽提的效率。因此，在旱田的条件下，土壤的吸附作用变得尤为重要。

黏土能吸收水分，且水分的输运性较差。土壤中孔隙水的存在会减少气体迁移的空间，并使气体迁移的路径变得更长，这些都会降低气相抽提的效率。黏土表面往往会带有负电荷，在某些情况下它也会影响土壤对一些化合物的吸附作用。对于带正电荷的分子（例如重金属）或者极性有机化合物来说，黏土是一种很好的吸附剂。

污染物吸附与土壤颗粒特性及所含有的有机质成分有关，有机质成分可以用总有机碳来表示，或者用 foc 表示。当土壤中有机质成分含量增加时，foc 系数也会升高，使土壤的吸附量增加。

3. 含水率

土壤中水的质量与相应土体质量的比称为土壤的质量含水率。土壤质量含水率是影响气相抽提处理效果的重要参数。因为土壤质量含水率过高会占据大量的空隙，从而限制空气的流动路径，所以含水率高会降低扩散速率。挥发性有机物在气相中的迁移速率大于液相，所以降低土壤水分可以提高去除挥发性有机物的速率。同时，土壤质量含水率降低会使污染物更易于吸附到土壤表面。有研究发现，当土壤吸附能力较强时，一定量的水分子可以逐出吸附在土壤表面的有机物，因此湿润的环境在一定程度上可以提高气相抽提的运行效果。如果土壤的吸附能力较弱，则在相对干燥的状况下进行气相抽提效果会更好。

对于一种给定的污染物，基于它的亨利常数和土壤吸附性，必然存在一个最佳的含水率，可以通过调节土壤质量含水率使气相抽提达到最佳效果。但由于对污染场地分配系数掌握的局限性，这一方法很少在实际中应用。事实上，实践中也很难实现对土壤质量含水率的控制，且费用昂贵。

4. 场地地形

场地表面的地形会对气相抽提的处理效果产生非常重要的影响。在理想状况下，场地表面应覆盖一层不具有渗透性的物质（如混凝土），使空气在更大范围内扩散，使有限的空气通过更多的土体。覆盖层有两个作用：（1）可以使入渗到土壤中的雨水最少，从而可以在一定程度上控制土壤的含水率；（2）可以避免抽提井发生垂直短路的可能性。当发生垂直短路时，所抽提的气体主要来自抽提井的附近，而距井较远的区域则较少。

蒸气抽提的设计前提就是要形成一股贯穿污染区的气流，而垂直短路违背了这一前提。如果蒸气抽提是在易于发生垂直短路的区域进行的，就需要布置更多的抽提井，来产生更多的气流，这样必然会增加气体处理设备成本。为了使垂直短路效应最小化，表面覆盖物的直径应不小于 1.5 m。如果表面密封不能实现，也可以用塑料膜代替，为了提高系统的处理效果，最好埋在地面 0.3 m 以下。

5. 地下水位埋深

当蒸气抽提井浸没在地下水中，进行抽真空时，井内的水位会在真空度的作用下上升，上升的水位将阻碍过滤器的正常使用，这种情况往往是由水位埋深太浅或井的设计不合理所造成的。当水位埋深太浅时，为避免上述情况发生，可以使用水平井，以增加过滤器的长度；同时，减小井头的真空度，降低地下水位抬升。在进行该工艺设计时，蒸气抽提井的底部至少应距水面 1 m，这样就会阻止上述情况的发生。

6. 介质均匀性

场地的均匀性是保证气流到达全部修复区域的重要因素。气流必须流经污染物并发生质量传递才能使污染物得到清除。土壤的结构和分层会影响气相在土壤基质中的流动程度及路径。特殊的地层结构（如夹层、裂隙的存在）会产生优先流，若不正确引导就会使修复效率大大降低。

设计中可以通过以下措施来减少场地不均匀性的影响：（1）在低渗透区域增加抽提井，在高渗透区域减少抽提井，以保证污染区域的气流运移；（2）高渗透区的井可以连接中等强度的引风机，而低渗透区的井可以连接高真空液体循环泵；（3）如果有市政沟槽（通常由高渗透性材料构成）等高渗透性的气流通道存在，使蒸气抽提场地中出现垂直短路，可以加大过滤器深度和增加抽提井数目。

（三）生物通风技术

生物通风技术（Bioventing，BV）是在气相抽提技术的基础上发展起来的，是气相抽提技术与生物修复相结合的产物。生物通风技术和气相抽提技术很相似，它们都是通过井和泵的作用使产生的气流经过饱气带，通常包括挥发和生物降解过程。但在污染物运移—转化的机制和达到的主要目的方面又有所不同。气相抽提技术的目的是通过挥发使气相污染物尽快地从地下抽提出来，而生物通风技术则是通过提供充足的氧气来维持最活跃的微生物活动，试图使生物降解的速率达到最大。

在某些受污染土体中，过高的有机污染物会降低土体中的 O_2 浓度，增加 CO_2 浓度，进而抑制污染物的进一步生物降解。因此，为了提高土壤中的污染物降解速率，需要排除土壤中的 CO_2 和补充 O_2，生物通风系统就是为改变土壤中气体成分而设计的。生物通风技术已成功地应用于各种土壤的生物修复，该工艺主要是通过真空泵或加压进行土壤曝气，使土壤中的气体成分发生变化。

生物通风技术又称土壤曝气，是基于改变生物降解的环境条件而设计的。在受污染的土体中至少打两口井，安装鼓风机和真空泵，将新鲜空气强行输入土体中，然后抽出来，土壤中的挥发性毒物也会随之被去除。在通入空气时，有时会加入一定量的 NH_3，以便为土壤中的降解菌提供氮元素营养，有时也可将营养物与水经通道分批供给，从而达到污染物降解的目的。

典型的生物通风系统包括一个或多个土壤非饱和区的抽提井、鼓风机或真空泵，通常还包括空气注入井或压力通风井。该技术的特点有：1.治理装置安装简便，操作方便有效；2.对实施地产生的干扰小，可被用于不易到达的区域（如建筑物的下方）；3.所需处理的时间较短，通常为6个月到2年；4.治理费用较低，每吨受污染土壤花费在45~140美元；5.不需要进行尾气处理；6.治理初期高浓度的污染组分会对微生物产生毒害，影响治理效果；7.受地质条件限制，不适合于在低渗透率或高黏土含量的地区使用；8.在运行过程中通常要加入营养物；9.只被用于处理非饱和区土壤，不适用于饱水带和地下水中的污染治理。

生物通风技术可以应用到有很好的气体渗透性的不饱和带。生物通风技术不适合用于浅层地下水区，即地下水面与地表相距不超过 90 cm 的地区。对于地下水面与地表相距不超过 3 m 的地区，必须做特殊考虑，这是因为在真空压力作用下，生物通风技术采用抽提井会出现地下水上涌，堵塞过滤器，使抽提的真空压力降低或消失。

生物通风技术不仅能用于轻组分有机物（如汽油和柴油），还能用于重组分有机物，也可以用于其他挥发或半挥发组分。用生物通风技术对不同有机污染物进行修复的相对适合程度根据标准来定。因为四氯乙烯在好氧时不降解，不适合生物通风；氯乙烯在好氧时容易降解，因其高挥发性，适用性中等；BTEX（苯系物）最适合用生物通风技术处理，其在好氧条件下容易降解，蒸气压也不高。生物通风技术还可以清除那些不适合进行土壤气相抽提的黏稠的烃类。

1. 生物通风技术的影响因素

（1）土体

土体环境因素有土体的气体渗透率、含水率、氧气的含量、温度、湿度、pH、营养物的含量和电子受体类型。

1）气体渗透率

土体的气体渗透率是影响生物通风最重要的因素，土体必须有足够的渗透性，使土体中的空气流动，从而为生物降解提供足够多的氧气。土体的渗透性与土壤结构、颗粒大小和湿度有关。随着土体中水分的增加，气体传导性下降。在含水率为 55% 时，气体渗透性减小近 80%。

2）含水率

土体中的微生物需要水来维持其基本的代谢活动。含水率低的土体，不但营养物质和污染物的迁移速率低，生物可利用性差，而且对依赖水流作用力进行迁移的单细胞微生物的活性也造成了不利影响，但含水率过高又会妨碍氧的传递。一般认为，含水率达到 15%~20% 时生物修复的效果最好。

3）氧气的含量

充足的氧气是最主要的微生物活性因子，是降解污染物的关键。在生物通风治理污染土体过程中，除通过空气提供氧气外，还可用 H_2O_2 或纯氧作为氧源。

4）温度

温度不但直接影响微生物的生长，而且可以通过改变污染物的物理、化学性质来影响整个生物降解过程。在土体中微生物降解的温度范围很有限，绝大多数生物修复是在中温条件（20℃~40℃）下进行的，最高不超过40℃，该温度适宜于生物的代谢和生长；在低温条件下，微生物生长缓慢，代谢活性差，所以寒冷地区的土体温度成为主要的限制因素，通常需要采取覆盖塑料薄膜、热空气注射、蒸气注射等措施。

5）pH

微生物需要在一定的pH范围生存，大多数微生物生存的pH范围为5~9，pH的变化会引起微生物活性的变化。通过调整土壤的pH，可以明显提高生物降解的速率。常用的方法有添加酸碱缓冲剂或中性调节剂。在酸性土体污染治理中，价格低廉的石灰石常被用于提高pH。

6）营养物的含量

适当添加营养物可以促进生物降解。营养物的添加需按一定的比例进行，这与微生物的特性有关。麦克·米伦等研究土体中泄漏原油的生物降解能力时发现，当缓慢添加的营养物的比例为100:5:1.7时，治理效果最佳。

7）电子受体类型

好氧微生物降解污染物要消耗氧气，而厌氧微生物在无氧情况下也可以降解污染物，但厌氧微生物降解的效率很低。在缺氧的条件下，投加硝酸盐或碳酸盐作为替代的电子受体，可有效地提高降解微生物的生物活性。此外，O_2、Fe^{3+}也可作为生物降解污染物的受体。

（2）污染物

1）浓度

污染物的浓度影响微生物对它的降解效果。适宜的污染物浓度有利于微生物的繁殖，浓度过高会抑制微生物的活性，浓度过低会降低相互作用的效率。

2）特性

结构简单、相对分子质量小的组分容易被降解；挥发性强的污染物去除效果好；非水相污染物对微生物容易产生毒害作用；疏水性的物质容易被土壤吸附，被吸附的污染物通常难以被微生物降解。

（3）微生物

土体中的微生物种类繁多、数量巨大，很多受污染地点本身就存在具有降解能力的微生物种群，或者在长时间与污染物接触后，土著微生物能够逐渐适应环境的改变，而进行选择性的富集和遗传改变，从而产生降解作用。土著微生物对当地环境适应性好，具有较大的降解潜力，目前已在大多数生物修复工程中得到应用。但是，土著微生物存在生长速率慢、代谢活性低的缺点，在一些受高浓度污染的场所或当地条件不适宜降解菌大量生长时，就需要接种高效菌。从污染场地的土壤中培养、驯化、分离和筛选高效率的降解菌，在最佳条件下培养、富集强化后，再接种到受污染土体中，这有利于迅速进行生物降解。

2.生物通风技术强化的主要措施

（1）热通风

热通风可以增加生物降解的活性，并提高污染物质的挥发度，对污染土壤修复中微生物降解和物理脱除具有双重的强化效果。热通风通常是寒冷地区污染土壤修复的必要手段。热通风可以采用以下三种方式：热空气注射、蒸气注射和电加热。热空气注射对微生物影响比较温和，但由于空气热容较小而使传热效率不高；蒸气注射潜在的热量大，但也容易杀伤土壤中的微生物，其应用受到很大的限制；电加热是通常在土壤中填埋电极，通入高频电流对介质进行均匀加热，是一种有较好应用前景的强化技术。

（2）提供氧源

对污染土壤的治理，除采用注入空气来提供氧气外，还可以用 H_2O_2 作为氧源。H_2O_2 可提供 47.1% 的氧，能满足污染环境中已存在的降解菌生长的需要，以便使土壤中的降解菌能通过代谢将污染物彻底矿化为 CO_2 和 H_2O。

（3）添加有效降解菌

土壤中污染物的生物降解与土壤中可降解该污染物的细菌含量有密切的关系。在土壤中加入有针对性的降解菌，能大大提高生物降解的速率。例如，白腐真菌对许多有机物污染都有很好的降解效果。

（四）原位曝气技术

地下水原位曝气技术（air sparging，AS）是 20 世纪 90 年代发展起来的与土壤气相抽提互补的一种原位修复技术，其目的是去除地下水位以下的有机污染物质，主要应用于处理可挥发性有机物（VoCs）造成的地下水污染。与其他修复技术相比，该项技术具有低成本、高效率和原位操作的显著优势。因此，虽然曝气技术的运用仅仅 20 余年，但就在一定程度上代替了抽出处理技术，成为地下水有机污染处理技术的首选。在1982-1999 年美国地下水污染"超级基金"治理项目中，应用原位曝气技术的项目所占的比例是 51%，已经超过了其他地下水原位修复技术。

该系统是通过垂直井或水平井，用气泵将空气注入水位以下，使污染物从地下水中挥发，并进入空气中。在浮力的作用下，含有污染物的空气不断上升，到达地下水位以上的非饱和区域，通过 VEC 系统进行处理从而达到去除污染物的目的。在曝气过程中发生的质量迁移转化机制比较复杂，常见的有挥发、溶解、吸收解析和生物降解等作用，污染物的迁移过程包括对流、弥散（机械弥散）和扩散（分子扩散）等方式。曝气过程是一个动力学过程，在不同的修复阶段，控制修复速率和效率的机制也不同；同时，随着场所地质条件的变化，各种机制对曝气修复作用的贡献也不同；另外，注入的空气还能为饱和土壤中的好氧生物提供足够的氧气，促进污染物的生物降解。

目前，对多相体系的曝气过程（在饱水条件下注入空气）进行模拟和监测都会遇到诸多困难，产生了一个较大的争议，即饱和带污染物的去除到底发生在哪个阶段。目前，该系统的工程设计在很大程度上还是依赖于经验，所以地下水曝气还是被看作一项正在不断完善的技术。地下水原位曝气依赖于复杂的物理、化学、微生物过程的相互作用，其中的一些作用还不太明确。

典型的地下水曝气系统在地下有一个或多个空气注入点，通过这些注入点将空气注入饱水带。这项技术刚问世时，一般认为注入的空气通过饱和带以气泡的形式向上运动，而实际情况是以连续空气通道的形式上升运动。主要空气通道的形成可能是土壤渗透性的细微变化所导致的，其中孔隙孔喉尺寸的变小会导致更多通道的形成。注入空气的流动路径会受到注入空气的压力、流量和注入深度的影响。研究表明，由土壤分层引起不同层间渗透率的细微差别也可以影响曝气的效果。

原位曝气过程可定义为在一定压力条件下，将一定体积的压缩空气注入含水层中，通过吹脱、挥发、溶解、吸附、解析和生物降解等作用将污染物去除。在相对可渗透的条件下，当饱水带中同时存在挥发性有机污染物和可被好氧生物降解的有机污染物，或存在上述一种污染物时，可以应用原位曝气法对被污染水体进行修复治理。从机制上分析，地下水曝气过程中污染物去除机制包括三个主要方面：一是对可溶挥发性有机污染物的吹脱；二是加速存在于地下水位以下和毛细管边缘的残留态和吸附态有机污染物的挥发；三是氧气的注入使得溶解态和吸附态有机污染物发生好氧生物降解。石油烃污染区域进行的原位曝气表明，在系统运行前期（刚开始的几周或几个月里），吹脱和挥发作用去除石油烃的速率和总量远远大于生物降解作用；当原位曝气系统长期运行时（一年或几年后），生物降解的作用才会变得显著，并在后期逐渐占据主导地位。

1. 原位吹脱

在以上提到的三种污染物去除机制中，原位吹脱可能是去除溶解性污染物的主要机制。研究表明，原位吹脱机制去除可溶性污染物的能力可由亨利定律来判定（蒸气压/溶解度）。苯、甲苯、二甲苯、乙苯、三氯乙烯和四氯乙烯等化合物被认为是易被吹脱的。然而，在分析原位曝气的吹脱现象时，一个基本假设就是亨利定律适用于挥发性污染物，并且所有被污染的地下水都与注入的空气密切接触，两者中的污染物浓度达到平衡。这一假设的存在使得整个研究过程得到简化。

首先，只有当可溶性污染物在水—气界面上达到平衡时，亨利定律才成立。但是，空气注入后，气流在分散通道中运动，由于污染物的迁移速率大，并且运动的路径短，空气在水—气界面的滞留时间太短，无法与地下水充分接触，导致整个反应无法达到平衡状态。另外，假设水—气界面上的污染物浓度与水相主体中的相同，这也是与现实情况不符的。因为在整个吹脱过程中，空气通道及其周围很小范围内的污染物首先被去除，为了弥补空气通道周围水中溶质的损失，远离通道处地下水中的污染物会产生对流和弥散作用，所以更为可靠的假设是该范围内污染物浓度比远离通道处的污染物浓度要低。因此，空气通道的数量和密集程度在污染物的去除中起到重要作用。即空气通道越多，通道之间距离越近，则去除效率越高。此外，空气通道的密集程度还会影响整个传质界面的面积。研究表明，地下水曝气过程中主要形成大型通道和毛细通道，两类通道的形成都能增大空气通道的密集程度和相间传质界面的面积。

同时，原位曝气过程还可以增大地下水位以下吸附态污染物的分解率和最终吹脱率。这是由于曝气过程使得污染物与地下水的混合程度增加，并且增大了吸附相和溶解相之间的浓度梯度，从而提高了污染物的分解率和最终吹脱率。

2. 挥发

对饱和带中挥发性有机污染物进行抽出—处理时，主要的去除机制是污染物向水相的不断溶解从而达到最终去除。而原位曝气过程中，在高速气流经过的区域内，由于局部负压的形成，大大增强了吸附态和残留态污染物的直接挥发作用。同时，由于挥发性化合物不必从水相迁移至水—气界面，而是直接与空气接触，因此在空气通道内可与纯粹的挥发性化合物相互交叉，从而导致直接挥发。

挥发是污染物从液相到气相的一种传质过程，它是原位曝气前期去除污染物的最主要机制。大多数挥发性有机化合物都是易于通过挥发去除的，直接挥发都受到其蒸气压和亨利常数的控制。如果某个污染物的蒸气压大于 5mmHg，并且亨利常数大于 10^{-5} atm·m³/mol，则认为它是可以通过挥发去除的，适合用于原位曝气技术。

一般亨利常数越大，则污染物存在于气相的平衡浓度就越大。在原位曝气过程中，空气通过土壤时气相中的污染物浓度会不断地增加，而且空气的对流也破坏了气液间原有的平衡，但亨利常数仍有助于判断该系统上升空气中污染物可达到的最大浓度。污染物的亨利常数越大，它在上升的空气中的浓度就越大，在一定空气流量条件下，去除量也就越大，越适合于原位曝气去除。

在饱水带中存在着大量挥发性有机污染物和 NAPL 污染物时，气流在有空气流动的地方可直接挟带大量污染物，而且孔隙中的空气交换速率较快，导致这一过程能在相对较短的时间内去除大量污染物，因此污染物直接挥发可能是主要的去除机制。

3. 生物降解

生物降解：是原位曝气过程中另一个重要的污染物去除机制。挥发只是将污染物转移出处理区，而生物降解则是将污染物转化为无害物质。在原位曝气过程后期，地下水和饱和土壤中剩余污染物的挥发性和溶解性较差，此时生物降解成为主要的修复过程。研究表明，当溶解的污染物浓度小于 1mg/L 时，生物降解成为原位曝气过程中主要的去除机制。在大多数自然情况下，饱和带中有机污染物的好氧生物降解速率受到含氧量的限制。在好氧条件下，有的挥发性有机污染物（如苯、甲苯、丙酮等）是易于生物降解的，有的（如三氯乙烯和四氯乙烯）则不易生物降解。因此，即使在好氧条件下，生物降解能力仍然受污染物化学结构、环境 pH 和温度等因素的影响。

通常，未被污染的地下水中的溶解氧（DO）含量低于 4.0 mg/L。在污染物自然降解过程中，环境变为相对的厌氧条件，此时的 DO 含量往往低于 0.5 mg/L。室内试验与工程实践表明，在地下水曝气过程中，可将水—气平衡时的溶解氧浓度提高到 6.0~10.0 mg/L，从而大大加快饱水带中污染物的生物降解速率。由此可见，通过注入空气来提高溶解氧水平是原位曝气法固有的优点。然而，在含水层中，空气中的氧向水相的转移受到扩散过程的制约，所以空气通道间的间距决定了输送氧气路径的长度。在通道间距大的地方，单靠扩散不足以将氧气输送到含水层的所有区域，这就出现了一种强化的生物降解法。因此，地下水曝气过程中的水—气混合作用和毛细通道的形成是提高氧气输送速率的最主要途径，同时也是污染物生物好氧降解速率最重要的影响因素。

综上所述，要使地下水曝气法能有效地治理地下水有机污染，则挥发性有机污染物必须要能够从地下水中迁移到注入的空气中（逸出），而空气中的氧气必须能够进入地下水中（生物降解）。

实际上，如果某有机化合物的亨利常数大于 1×10^{-5} atm·m³/mol，则认为该化合物是可吹脱的；若其蒸气压高于 0.5 mmHg，那么它就容易挥发，但其挥发程度受空气流量的制约。较重的石油产品中存在许多有机化合物，例如 6 号燃料油，既不能被吹脱，也不易挥发。因此，在修复受燃料油污染的区域时，主要的修复机制应该是好氧生物降解。

在这种情况下，饱水带的氧气需求量成为决定空气注入量的唯一因素。因为很难通过吹脱和挥发将所要去除的污染物量区分开，所以把两者合并在一起。然而，不论去除机制如何，研究的重点都应该放在污染物的去除总量上。

由于原位曝气技术去除污染物的过程涉及多相传质过程，因此其影响因素很多。目前，人们普遍认为，原位曝气去除有机物的效率主要依赖于曝气所形成的影响区域的大小。而该区域形成和分布的影响因素主要有土壤类型和粒径大小、土壤非均匀性和各向异性、曝气压力和流量及地下水流动性。因此，原位曝气技术在实际应用中是否适用，必须要综合考虑这些因素。

（1）土壤的类型和粒径大小

研究表明，空气在高渗透性土壤中是以气泡的方式流动的，而在低渗透率的土壤中是以微通道的方式流动的。另外，注入的空气不能通过渗透率很低的土壤层（如黏土层）。对于高渗透性土壤（如砂砾层），由于其渗透率太高，从而使曝气的影响区域太小，以至于不适合用曝气技术来处理。因此，土壤粒径的尺度对空气影响区域大小的判断是至关重要的。

沙箱模型研究表明，在较低的空气入射速率下，粉细砂质含水层（粒径范围在 0.075~2mm）和粗糙砂砾含水层（粒径范围在 2 mm 以上）中有空气通道形成。试验结果表明，前者形成了稳定的垂向空气通道，而后者的入射空气多以气泡的形式上升。当空气以较高的入射流速进入粉细砂质含水层时，在空气入射点周围可能会发生土壤液化（土壤黏结力丧失）现象，进而导致入射空气失控。研究表明，原位曝气法不适用于饱水带渗透系数大于 10^{-3}cm/s 的场地。

（2）土体非均匀性和各向异性

天然土体一般都含有大小不同的颗粒，具有非均匀性，而且在水平方向和垂直方向都存在不同的粒径分布和渗透性。因此，原位曝气过程中注入的空气可能会沿阻力较小的区域流动，结果造成注入的空气根本就不经过渗透率较低的区域，从而影响污染物的去除。

对于均质含水介质，无论何种空气流动方式，其流动区域都是通过曝气点垂直轴对称的；在非均质介质中，空气流动不是轴对称的，这种非对称性是因介质渗透率的细微改变所致的。因此，原位曝气技术对土壤的非均匀性是很敏感的。

对于层状含水层，注入的空气无法轻易到达位于低渗透层之上的区域。只有当曝气流量足够大时，空气才可能穿过低渗透率层。当注入空气遇到渗透率和孔隙率不相同的两个地层时，如果两者的渗透率之比大于10，除非空气的入口压力足够大，否则气流一般不经过渗透率小的地层。如果两者的渗透率之比小于10，空气从渗透率小的地层进入渗透率较大的土层时，其形成的影响区域变大，但空气的饱和度降低。

在实验室条件下，注入的空气在渗透性较弱的地层下聚集，并沿水平方向运移。在野外应用中，这有可能扩大污染羽状体的分布范围。同时，渗透性强的地层也可能导致气流优先向侧向运移，这同样会造成污染羽状体范围的扩大。因此，均一的地层条件是确保原位曝气成功实施和安全实施的关键。

（3）曝气压力和流量

空气注入土壤需要一定的压力，压力的大小对曝气过程去除污染物的效率有一定程度的影响。一般来说，曝气压力越大，所形成的空气通道就越密，曝气过程的影响半径越大。曝气所需的最小空气注入压力为水的静压力与毛细压力之和。水的静压力由曝气点到地下水位的高度决定，而介质的存在会产生一定的毛细压力。另外，为了避免在曝气点附近造成不必要的颗粒迁移，曝气压力必须不超过原位的有效压力，其包括垂直方向的有效压力和水平方向的有效压力。

空气流量的增加使空气通道的密度增加，同时空气的影响半径也有所增加，曝气流量的影响主要有两方面：一方面，空气流量的大小将直接影响含水层中水和空气的饱和度，改变气—液传质界面的面积，影响气—液两相间的传质，从而影响含水层中有机污染物的去除；另一方面，空气流量的大小决定了可向含水层提供的氧含量的多少，决定了有机物的有氧生物降解过程。一般来说，空气流量的增加将有助于增加氧气的扩散梯度，有利于有机物的去除。

（4）地下水流动性

在渗透性较高的介质（如粗砂和砂砾）中，地下水的流速一般较大。如果溶解的有机污染物滞留在这样的介质中，地下水的流动将使污染物突破原来的污染区，从而扩大污染的范围。在曝气过程中，空气喷入不仅使有机污染物挥发到气相，而且影响地下水的流动；另外，地下水的流动也影响空气的流动，从而影响空气通道的形状和大小。这两种迁移流体（空气和水）的相互作用可能对曝气过程有不利的影响。一方面，流动的空气可能造成被污染地下水的迁移，从而增大污染的区域；另一方面，注入带有污染物的空气可能与以前未污染的水接触，也扩大了污染的范围。研究表明，当水力梯度在0.011 以下时，地下水的流动对于空气影响区域的形状和大小的作用很小。然而，空气的流动降低了影响区域的水力传导率，减弱了地下水的流动，从而降低了污染物迁移的梯度，所以曝气可有效地阻止污染物随地下水迁移。

综上所述，虽然原位曝气表现为一个简单的过程：将空气注入地下水位以下的污染含水层中，使挥发性有机污染物发生吹脱与挥发，同时为生物降解过程提供充足的氧气，以提高生物降解的速率。但这种方法并不适用于任何条件，以下给出了不适合地下水曝气的 7 种情况。

（1）在渗透性差的水文地质条件（渗透系数小于 10^{-3} cm/s）下，垂直的空气通道可能被阻碍，污染物侧向运移可能会增大，这对污染物的去除有不利的影响。这时，对传统的地下水曝气方式需要进行非常谨慎的评估。

（2）在非均质的水文地质条件（低渗透性层在高渗透性层之上）下，由于注入空气不能到达地下水位之上的含水层中，因此可能会使已存在的污染羽状体扩大范围。

（3）污染物不可吹脱，并且不能生物降解。曝气过程仅仅对挥发起一定作用，使得污染物去除效果非常差。

（4）污染物可自由移动，且不能被移除或完全控制。空气注入可能会加强这种液体难以控制的移动性，而使其离开空气注入污染区域，导致污染区域增大。

（5）地下水曝气系统不能和气相抽提结合起来，不能捕获气相抽提的污染物。在一些实际应用中，如果最佳条件能够达到，这种经气相抽提的污染物会在渗流区被生物降解，较厚的渗流区和低的注入速率适合用此方法。

（6）因潜在的土壤液化和破碎，会对周围的地基及建筑物的稳定性产生危害。

（7）因气相污染物迁移无法有效控制，可能使其进入附近建筑物或者管道中。受水文地质条件的影响，可以用传统曝气法进行修复的比例仅占25%左右。但是，与目前可用的其他修复方法相比，用空气做载体来去除污染物的理论仍具有广阔的应用前景，并且可以大大节约治理成本。

以下介绍几种对传统曝气方式改进后的曝气方式：

（1）水平槽式曝气。

水平槽式曝气技术一般用于低渗透性、污染物的埋深小于9 m的浅层地下水污染修复。虽然沟槽曝气适合在低渗透性的地质环境中应用，但对渗透系数（在水平方向）小于10^{-3} cm/s的含水介质，直接把空气注入饱水带时往往效果不好。该技术的曝气过程主要包括以下几个环节：1）安装垂直于地下水流方向的单一或平行沟槽；2）在沟槽底部通过水平、垂直或一定角度的曝气管注入空气；3）从地下水位以上沟槽中的侧管抽取空气。

这种改进的曝气方式关键是在沟槽里创造一个人工的渗透环境，并可以控制注入空气在含水介质中的分配。当被污染的水流经过沟槽时，可吹脱的挥发性有机物将从地下水中去除，并被安置在地下水位以上的蒸气抽提管所捕获。

由于地下水流速非常小，导致地下水流在沟槽里要停留很长时间，可为污染物的充分去除提供良好的条件，故这种技术非常实用。同时，由于水流停留时间长，与空气相互作用的时间也长，故不需要空气的连续注入，而采用脉冲式注入模式即可。当可生物降解的污染物出现时，沟槽可以作为原位固定生物膜反应器，并可以适时注入微生物生长的营养物质（如氮和磷），以提高沟槽生物降解污染物的速率。经治理的地下水流出沟槽后，由于含有大量溶解氧和营养物质，可进一步提高在沟槽中溶解和残留污染物的降解速率。当需要更快地对污染物场地进行修复时，可以用复合沟槽来达到空气曝气的要求。

水平槽式曝气技术最大的局限是沟槽的深度。当污染物的位置超过 10 m 时，治理成本急剧升高，并且需要处理大量被污染的含水介质，从而妨碍此技术的应用。如果曝气沟槽的深度控制在 10 m 以内，向沟槽里注入空气时，可以由鼓风机代替空气压缩机来完成，以降低成本。整个治理过程中，抽取的空气可以首先用蒸气抽提处理单元来处理，然后再重新注入沟槽。在这种结构的曝气过程中，不需要经常抽取空气样品。

（2）井式曝气。

将常规曝气改进为井式曝气的目的，是把注入的空气作为污染物的载体，并克服向不适宜地质构造中注入空气时所遇到的困难。井式曝气方式能有效地避免沟槽安装受深度和地质构造影响的不利情况。

井式曝气的工作原理是：在一定压力下向井的内套管中注入空气，此时内套管内会发生气举效应，使得内套管里的水柱被向上提升，并溢出内套管的顶部（内套管里的水被抽出）。伴随着这一过程，周围含水介质中被污染的地下水不断被抽到底部过滤器中，并不断被空气抬升直到从内套管上部溢出。由于空气和被污染的水在上升过程中发生充分混合，当气—水混合物在内套管中上升时，水中可吹脱的挥发性有机污染物将通过吹脱作用被去除，被气流所捕获，将其抽出后进行后续处理。此时，溢出内套管的水便变成了经过处理的相对清洁水，其将通过顶部过滤器被释放回流到周围环境中。

因此，井式曝气具有以下两个优点：1）该方法完全避免了某些治理技术中将水抽出进行地面处理的过程；2）处理后被重新注入含水层中的清洁水，溶解氧含量达到饱和，从而可增强饱水带中污染物的好氧生物降解。

（3）生物曝气。

前文讲到，在原位生物修复过程中，向饱水带中注入空气对微生物降解所需的氧气供给非常有利。生物曝气技术就是指将空气以低速（每个注入点从 0.014 m^2/min 到小于 0.056~0.084 m^2/min）注入含水层中，从而为污染物的好氧生物降解提供充足的溶解氧，以提高生物降解速率的过程。此时，空气注入的主要目标是为微生物种群提供氧气，故注入空气的体积不再考虑吹脱和挥发作用所需空气量，可大大减少空气的注入量。同时，在这种情况下，对气流通道形成和分布的控制以及对吹脱污染物的捕获也变得不再重要。因此，这项技术适用于处理不可吹脱但可生物降解的化合物（如修复可溶的丙酮羽状体）。

在生物曝气过程中，地质结构对修复技术的制约变得不再重要，因为气流通道能够沿阻力最小的路径形成。需要注意的是，溶解氧浓度升高所需要的时间，取决于气流通道中的氧气扩散到其通道周围水中所需要的时间。国内外大量研究表明，在曝气过程中所注入的氧气，只有约 0.5% 转变为溶解氧。因此，在生物曝气开始前，必须要对溶解氧量的变化进行合理估计。一般情况下，常以监测井中测得的溶解氧量的增加来代表整个影响区域内溶解氧量的变化。应当注意的是，气流通道可能被拦截，致使空气可能会直接进入监测井，这也是井中溶解氧增加的原因之一。

（4）沟槽蒸气。

沟槽蒸气修复是比传统曝气法规模小的一种修复方法，它主要针对低渗透含水层中被吹脱的蒸气。由于结构细密的含水介质会阻止蒸气抽提井对吹脱蒸气的提取，因此沟槽蒸气修复方式常用于浅层地下水（从地表到地下水位以下深度的地方）的治理。在沟槽蒸气修复过程中，饱和带中的传质机制，污染物去除速率和去除机制都与传统曝气法非常相似。但是，在毛细管边缘区，污染物常常会被细密介质所吸附，可能会导致沟槽蒸气修复在曝气和去除污染物时失效。实验和工程实践表明，在处理溶解相污染物且污染物具体位置非常清楚时，应用沟槽蒸气修复系统最为有效。

（5）气体致裂曝气。

气体致裂曝气是通过原位曝气过程中的空气压裂法来提高修复能力的，适用于含水层构造较为致密的情形。该方法可应用到水位以下深度较大、不利于安装沟槽的情况。气体致裂曝气法的原理是通过污染源上部多孔介质中形成的空气裂缝，加强地下水位以下一定深度的区域与饱气带的水力联系，从而增加可被吹脱的污染物在水平方向上的扩散能力，提高污染物的去除速率。实践表明，应用气体致裂曝气的关键是平衡空气的注入流速，以形成稳定的空气裂缝，而其在传质和修复方面的局限性与沟槽蒸气修复类似。同时，在地下水位线上部的含水介质中，由于空气裂缝之间会存在许多封闭的区域，导致污染物质的运移、吸附和去除过程受到一定限制。

（五）稳定化和固定化

稳定化是指将污染物转化为不易溶解、不易迁移和毒性比较小的状态或者形式。固定化是指将污染物质包容起来，使污染物质处于稳定状态，不再影响周围环境。

常用的方法包括：采用活性炭、树脂、黏土、腐殖酸和灰烬材料来吸附污染物，用表面活性剂加强结合，用沥青包容，与水泥混凝土融合，或者在 1200℃ 高温通过高温融合将其转化为玻璃形态的物质等。

稳定化和固定化技术通常用于重金属离子和放射性物质的处理。一般步骤包括：

1. 中和过量的酸; 2. 破坏金属络合物; 3. 控制金属的氧化还原状态; 4. 转化为不溶性的稳定形态; 5. 采用固化剂形成稳定的固体物质。对于有毒的有机污染物, 也可以采用类似步骤进行稳定化处理。

在具体实施稳定化修复时, 可以将污染物和土层挖掘出来, 在地面上进行稳定化处理; 也可以在污染区域原位就地进行稳定化与固定化处理。原位处理经济上比较合算, 可以处理深度达到 30 m 的土层污染物。深层土可以利用机械装置进行松动混合, 添加剂通过高压方式注入, 并进行充分混合。

对经过稳定化或者固定化处理的污染物质, 需要进行各种必要的测试, 确保安全、无二次污染。主要测试内容包括密度、渗透性、强度、耐久性、压缩性、侵蚀特性和氧化还原反应特性等。

（六）电动力学修复

电动力学修复是利用土层和污染物电动力学性质对环境进行修复的新兴技术。电动力学修复技术既能避免传统技术严重影响土层结构和地下水所处生态环境, 又可以克服现场生物修复过程非常缓慢、效率低的缺点, 而且投资少、成本低。

电动力学修复技术的基本原理是将电极插入受污染的地下水及土层区域。在施加直流电后, 形成直流电场。由于土颗粒表面具有双电层、孔隙水中含有离子或颗粒带有电荷, 引起土层孔隙水及水中离子和颗粒物质沿电场方向进行定向运动。电动力学修复技术可以有效地去除地下水和土中的重金属离子。近年来, 电动力学开始用以抽取地下水和土中的有机污染物, 或者用清洁流体置换受污染地下水和洗刷受有机物污染的土层。

二、生物修复技术

生物修复技术主要是指利用土著的或外来的微生物在可调控环境条件下将有毒污染物转化为无毒组分的处理技术, 被认为是最有前途的修复技术, 也是近年来的研究热点之一。微生物不仅能降解、转化环境中的有机污染物, 而且能将土壤、沉积物和水环境里的重金属、放射性元素及氮、磷营养盐等无机污染物清除或降低其毒性。

生物修复是指采用工程化方法, 利用微生物, 将土壤、地下水和海洋中有毒、有害污染物 "就地" 降解成二氧化碳和水, 或转化成为无害物质的方法。

生物修复法具有费用省、环境影响小、降低污染物能力强等优点, 是今后环境修复技术发展的主要方向。

生物修复技术可分为天然生物修复和强化生物修复两种。

（一）天然生物修复

天然生物修复是指在不添加营养物质的条件下，土著微生物利用周围环境中的营养物质和电子受体，对地下水中的污染物进行降解的作用，其降解速度受到营养物质种类、数量及电子受体接受电子能力大小和其他物理条件的限制。

天然生物修复是否能使污染物得到完全（或大部分）去除，需要进行场地环境条件调研、系统监测和预测等工作，目的是为判断应用该技术的可能性提供充足的依据。对于常见的单环芳烃类的石油烃（BTEX）来说，一般都是可生物降解的，且在地下环境中相关的微生物普遍存在，无须广泛调研；但是对于有些燃料添加剂，如甲基叔丁基乙醚（MTBE）、1，2-二溴乙烷（DBA）或1，2-二氯乙烷（DCA）等是否可生物降解，需进一步研究。受杂酚油、煤焦油和其他石油产品污染的地下水中，常常含有分子量较大的多环芳烃化合物，例如芴、菲、氧芴等，这类化合物即使在理想的条件下，其生物降解速率也十分缓慢。天然生物修复技术对于处理地下水及饱气带土层污染有效，在修复被石油产品污染的场地中得到广泛的应用。污染物在含水层中生物降解的判定，可通过测定污染羽状体下游污染物的总质量是否有明显减少的方式。利用水中常规参数作为间接的生物降解指标，例如，DO、NO_3^-、SO_4^{2-}被消耗，HCO_3^-和Fe^{2+}明显增加，往往是生物降解得很好的标志；沿渗流途径检查污染物比例的变化，如有变化，说明某种污染物可能产生了生物降解。

天然生物修复需要的环境条件是：有足够的电子受体，即DO、NO_3^-、SO_4^{2-}等浓度较高，pH偏中性，含有适当的无机营养物，如N、P和微量矿物组分，以及没有微生物生长的毒物。

（二）强化生物修复

自然界中微生物对污染物特别是有机污染物的降解过程较慢，其原因是溶解氧（或其他电子受体）营养盐缺乏，实际应用中一般采用工程化方法来人为促进受污染环境的修复，即强化生物修复。强化生物修复技术是利用自然环境中生息的微生物或投加的特定微生物，通过提供适宜的营养物质、电子受体及改善其他限制生物修复速度的因素，分解污染物，修复受污染的环境。

强化生物修复技术被划分为原位生物修复和异位生物修复两种。

1.原位生物修复技术

地下水的原位生物修复技术也叫就地生物修复技术，是指对受污染的介质（土壤、水体）不做搬运或输送，而在原位和易残留部位之间进行现场生物修复处理，修复过程主要依赖于被污染地自身微生物的自然降解能力和处理对象的特性（如渗透率）、污染物性质、氧的水平、pH、营养盐的可利用性、还原条件等人为创造的合适降解条件，是自然生物降解过程的人工强化。含水层的原位生物修复技术通常有两种：第一种是通过刺激现有微生物的生长来降解有机污染物，方法是通过向含水层中注入无机营养物质以及在必要时向其中注入适当的电子受体；第二种是向被污染含水层内投加具有特殊新陈代谢能力的微生物来净化含水层，这些特殊的微生物种群可以通过对该微生物进行浓缩或基因控制来得到。通常原位生物修复的过程为：先通过试验研究，确定原位微生物降解污染物的能力；然后确定能最大程度促进微生物生长的氧需要量和营养配比；最后再将研究结果应用于实际。该技术应用于被石油类碳氢化合物所污染的地下水治理已经有多年历史。

原位生物修复技术具体的工艺形式很多，技术比较成熟、效果比较理想的有可渗透性反应墙（PRB）、地下水曝气技术、原位化学氧化技术（ISCO）、监测自然衰减修复技术（MNA）等。典型原位生物修复系统包括地下水回收井、地面处理单元、营养添加单元、电子受体添加单元，然后将经过上述步骤处理过的水注入地下受污染区域。

2. 异位生物修复技术

异位生物修复是指将被污染介质（土壤、水体）移出和输送到他处进行生物修复处理。但这里的移出和输送是低限度的，而且更强调人为调控和创造更加优化的降解环境。异位生物修复包括生物反应器法、泥浆反应器法、土壤堆积法和堆肥法，其中对地下水的异位生物修复主要应用生物反应器法。

生物反应器法是一种适用于处理表土及水体污染的方法，其处理过程为：将地下水或地表水抽起，经过生物反应器降解后，再注入地下水或地表水中。生物反应器提供降解菌所必需的营养物质、溶解氧、合适的pH及其他一些降解条件。反应器的类型有土壤浆化反应器、悬浮生长生物反应器、固定化膜反应器（包括生物滴滤器和流化床反应器）和固定化细胞反应器、厌氧反应器等。

研究表明，地下水中的污染物包括无机物和有机物，主要来源于随雨水或灌溉水渗入地下水源的杀虫剂，工厂的有机油料、毒性物质、重金属废水或其他化学物质的任意排放，农业过量使用的氮肥、家庭污水、下水道管路及化粪池破损外泄的污水，沿海地区大量抽取地下水超过天然补充量导致的海水入侵等。

目前，生物修复技术已被广泛应用在有毒、有害化学品的泄露清除、工业航空油的泄露清除、有机烃类物质对土体水体造成的面源性污染清除等诸多方面。有些方面取得了重大进展，已有很多成果见诸报端。我国在区域地下水微生物分布调查、微生物地球化学分析及其作用机制、化肥对饱气带及地下水的污染途径与阻控治理等方面有了初步研究。地下水生物修复离不开微生物、电子受体、营养物质和环境因素。由于土著微生物对环境的适应性强，且污染过程中已经历一段自然驯化期，因而是生物降解的首选菌种。只有当本地菌种不能降解该有机物或污染物浓度很高又须快速处理时，才考虑外加菌种。地下水有机污染生物修复的电子受体主要包括溶解氧、有机中间产物和无机含氧酸根等，其种类及浓度对修复速率有很大影响。多数情况下，溶解氧的输送是地下水好氧生物修复中关键的限制因素。

3. 生物修复的微生物

生物修复技术应用的前提必须有微生物。目前可以用来作为生物修复菌种的微生物分为三大类型：土著微生物、外来微生物和基因工程菌。对于生物修复的研究就是要寻找相应污染物的生物降解菌，并对这些降解菌降解污染物所需的碳源、能源、电子受体及所需的营养物质和降解条件进行优化。

（1）土著微生物。

土著微生物是指土壤圈、岩石圈、饱气带和地下水中固有的，在当地饱气带、土壤和含水层中存在的微生物。这种微生物的特点包括：1）降解污染物的潜力较大，在环境中活性较高；2）微生物的种类具有多样性，可以降解多种污染物；3）适应当地的环境，繁殖能力较强。土著微生物在遭受有毒、有害的有机物污染后，某些微生物通过自然突变形成新的菌种，通过形成诱导酶系具备了新的代谢功能，从而可降解或转化外来化合物。故只要选择适当的微生物群落，创造和保持最佳环境条件，几乎所有的有机物都能找到使之降解或转化的微生物。

目前，在大多数生物修复工程中实际应用的都是土著微生物，其一方面是由于土著微生物降解污染物的潜力巨大，另一方面也是因为接种的微生物在环境中难以保持较高的活性以及工程菌的应用受到较严格的限制。

当处理多种污染物（如直链烃、环烃和芳香烃）的污染时，单一微生物的能力通常很有限。土壤微生态试验表明，很少有单一微生物具有降解所有污染物的能力。另外，化学品的生物降解通常是分步进行的，在这个过程中包括了多种酶和多种微生物的作用，一种酶或微生物的产物可能成为另一种酶或微生物的底物。因此，在污染物的实际处理中，必须考虑要接种多种微生物或者激发当地多样的土著微生物。土壤微生物具有多样性的特点，任何一个种群只占整个微生物区系的一部分。群落中的优势菌种会随土壤温度湿度以及污染物特性等条件发生变化。

（2）外来微生物。

土著微生物生长速度太慢，代谢活性不高，或者由于污染物的存在而造成土著微生物数量下降，因此需要接种一些经过专门筛选、培养的高效降解微生物，这类微生物的代谢活性较高，降解速率较快。

采用外来微生物接种时，会受到土著微生物的竞争，需要用大量的接种微生物形成优势，以便迅速开始生物降解过程。研究表明，在实验室条件下，30℃时每克土壤接种106个五氯酚（PCP）降解菌可以使PCP的半衰期从2周降低到小于1 d。这些接种在土壤中用来启动生物修复的最初步骤的微生物被称为"先锋生物"，它们能简化限制降解的步骤。

（3）基因工程菌。

基因工程菌是采用细胞融合技术等遗传工程手段将多种目标污染物的基因转入同一微生物载体中，使这种微生物可降解多种目标污染物。例如，将甲苯降解基因从恶臭假单胞菌转移给其他微生物，从而使受体菌在0℃时也能降解甲苯，这比简单地接种特定的微生物使其艰难而又不一定成功地适应外界环境要有效得多。虽然这种微生物降解目标污染物的范围较广，但其应用受到法律上的限制，所以该方面的研究报道较少。

基因工程菌引入现场环境后会与土著微生物菌群发生激烈的竞争，基因工程菌必须有足够的存活时间，其目的基因方能稳定地表达出特定的基因产物——特异性酶。如果在环境中基因工程菌最初没有足够的合适能源和碳源，就需要添加适当的基质促进其增殖并表达其产物。引入地下水的大多数外源基因工程菌在无外加碳源的条件下，不能在地下水中生存与增殖。

4. 生物修复的影响因素

地下水生物修复过程主要涉及微生物、污染物和水，而充足的碳源、能源、电子供/受体、营养物质和适宜的环境条件是影响生物修复效率的主要因素。保证微生物最佳活性的三种营养源是氮、磷及溶解氧。

（1）微生物营养盐。

无机盐是微生物生长不可缺少的营养物质，其主要作用是：组成菌体成分，作为酶的组成部分或维持酶的活性，调节渗透压，调节pH及氧化还原电位，作为某些微生物的能源在生物修复工程中，需要向被处理的地下水中加入一定量的营养盐，以满足微生物代谢活动的需要。地下水中最常见的无机盐是N、P、S及一些金属元素等，这些物质一般可以通过矿物溶解获得。氮源和磷源是常见的烃类微生物降解限制因素，添加适量该类营养物可以促进微生物降解。一般认为$m(C):m(N):m(P)=100:10:1$时最适于烃类的微生物降解。例如，添加酵母膏或酵母废液可以明显地促进石油烃类化合物的降解。为达到良好的效果，必须在添加营养盐之前确定营养盐的形式、合适的浓度以及适当的比例。目前已经使用的营养盐类型很多，如铵盐、正磷酸盐或聚磷酸盐、酿造酵母废液和尿素等。

研究认为，地下水体中的反硝化作用通常发生在厌氧或半厌氧，并含足够溶解性有机碳（DOC）的水体环境中。利用一个井或多个井把含有营养物质的溶液注入含水层中，促使其中微生物活性增加，可达到去除地下水污染物的目的。反硝化菌还可能利用环境中存在的易氧化的固相有机碳进行反硝化作用，如锯屑、草秸等构筑成多孔渗水处理墙，放置在垂直于污染地区的地下水流方向的水体中，地下水中的硝酸盐氮流经脱氮墙时，通过生物和化学作用被去除掉。在海洋出现溢油后，石油降解菌会大量繁殖，石油中的烃类是微生物的充足碳源，限制降解的因素是氧和营养盐。雷蒙德在 1975 年对汽油泄漏的处理中，通过注入空气和营养成分使地下水的含油量降低，并由此取得了专利。钱茨等在反应器运行过程中加入甲烷、氧气和甲酸钠降解三氯乙烯（TCE）。TCE 浓度为 0.2mg/L，在可溶性甲烷—氧合酶的作用下，TCE 降解率分别为 78%（浓度为 20 mg/L）和 93%（浓度为 10 mg/L）。

（2）氧气。

好氧生物修复途径通常是通过氧化作用，芳香烃的好氧生物降解最快，微生物对石油的生化降解过程随烃类的不同而各异，但其降解的起始反应却相似，即在加氧酶的催化作用下，将 O_2 注入基质中，形成一种含氧的中间产物。据计算，每分解 1 g 石油需 O_2 3~4g。有试验表明，在有氧时烃类经 14d 可降解 20% 以上，因此有必要保持环境中有足够的 O_2 供微生物利用。

地下水的好氧生物修复受溶解氧（DO）的控制。为了增加土壤和地下水中的 DO，可以采用充气和曝气等工程化的方法，例如将压缩空气送入土壤含水层来增加微生物的活性，添加产氧剂使它们中的氧在介质中缓慢释放，通常使用 H_2O_2 等，当所加 H_2O_2 的量适当时，土壤样品中烃类污染物的生物降解速率较加入前增加 3 倍。充气和曝气技术在美国已经商业化，在许多原位修复中都有应用。蒋（Chiang）等在含有足够氧的微环境中，利用好氧菌对煤气厂下含水层的 BTX（120~16 000 mg/L）进行了降解，BTX 去除率为 80%~100%。连续供氧也能够促进甲基叔丁基醚（MTBE）的好氧微生物降解。

硝化作用对氧的需要量很高，据资料介绍，硝化过程耗氧量超过有机部分氧化所耗的氧。事实上在厌氧环境中进行生物修复也具有极大的潜力，如苯、甲苯、多氯芳烃等，在厌氧条件下可以被降解为 CO_2 和水。

厌氧生物降解是在缺氧或厌氧环境下，微生物以外加碳源作为电子受体将污染物分解的过程。在去除地下水中的硝酸盐时，DO 在微生物细胞的新陈代谢过程中可与

NO_3^--N 竞争成为电子受体，影响反硝化作用的进行，厌氧或半厌氧环境利于反硝化作用的进行，地下水环境中反硝化作用的 DO 上限为 20 mg/L，反硝化速率与 DO 呈负相关。厌氧生物修复具有不需通气、费用低、受污染现场厌氧环境易于形成等优势，因而有进一步研究开发的价值。丹尼尔等在 SO_4^{2-} 和 CO_2 存在的厌氧条件下，对石油烃的厌氧生物降解进行了研究，运行 65d 后有 65% 的石油烃被降解。

（3）环境条件。

影响细菌繁殖与活性的环境因素包括温度、pH 盐度等。

生化反应遵循的一个总原则是：在一定范围内，反应速度随温度升高而升高。因此，温度能够显著影响有机化合物的降解速率。目前绝大多数的生物修复都是在中温（20℃~40℃）条件下进行的，该温度范围最适于微生物的生长和代谢。在低温条件下，微生物生长缓慢，代谢活性差。当温度低于 10 ℃时，石油烃类的降解速率明显下降。而当温度过高时，石油烃类的毒性增加，对微生物产生抑制。此外，微生物活性的维持需要有液态水，因此要求温度至少在水的凝固点以上。而且，许多微生物含有石油降解必需的酶，而这种酶在高于 50 ℃的温度下会变性。因此，这个温度代表了一个保持微生物活性的温度上限，对于好氧菌来说最佳的石油降解温度一般为 15℃~30 ℃。

盐度会降低微生物的治理效果。经室内试验分析，地下水中硝态氮、石油等的生物降解率随盐度增大而减小，但降解菌数量受盐度影响较小，只影响微生物的代谢活性。一般认为微生物所处环境的 pH 应保持在 6.5~8.5，以保证微生物的活性，通常地下水环境的 pH 在该范围内。

（4）电子供 / 受体。

微生物氧化还原反应的最终电子受体分为三大类，包括溶解氧、有机物分解的中间产物和无机酸根（如硝酸根、硫酸根和碳酸根等）。微生物的活性除受到营养盐的限制外，土壤中污染物氧化分解的最终电子受体的种类和浓度也极大地影响着污染物降解的速度和程度。三氯乙烯（TCE）的生物降解以苯酚、甲苯和苯为电子供体，在好氧条件下，TCE 完全矿化为 CO_2。

从所用的电子供体来看有硫酸盐还原菌、反硝化菌、铁还原菌、产甲烷菌。娜塔莉·卡比罗尔（Nathalie Cabirol）等第一次通过产甲烷菌和硫酸盐还原菌的共生菌落将 PCE 降解为 CO_2，一部分转化为生物中的碳。普拉卡什（Prakash）等证实了硫酸盐还原菌、硝酸盐还原菌和产甲烷菌的微生物混合体能使 PCE 还原脱氯。海德伦·舒尔茨-村松（Heidrun Scholz-Muramatsu）等分离出了使 PCE 还原脱氯的严格厌氧的脱氯螺旋菌，此菌种可以以氢气、硫化钠、甲酸盐、丙酮酸盐、乳酸盐、乙酸盐、乙醇和丙三酮作为电子供体。

结　语

综上所述，岩溶地区的勘察目的在于勘察岩溶的发育规律，确定对岩溶上层建筑物的影响，通过勘察岩溶的规模、形态、分布区域、非可溶性岩体厚度等条件对岩溶上层建筑场地的适宜性以及建筑物地基的稳定性做出正确评价。岩溶地区的工程地质勘察与一般的工程地质勘察不同，最显著的特点是查明岩溶地区岩体结构以及对其稳定性或对地面建筑物可能造成的危害进行分析。一般来说岩溶地区工程地质勘察可以分为可行性研究勘察、初步勘察、详细勘察等几个步骤，我们根据勘察步骤的不同而选择不同的勘察技术。

可行性研究勘察阶段应该首先确定岩溶地区地质类型，查明岩溶发育基本情况，并对接下来的工程项目建筑的可行性做出判断，根据勘察结果做出岩溶未来的危害程度和发展趋势分析，在这一阶段我们宜采用工程地质测绘以及综合物探勘察方法。

初步勘察阶段应该查明岩溶发育程度和规律，对该地区的岩溶稳定性和建筑的适宜性做出评价，同时根据岩溶洞隙发育、地表凹陷程度对该地区进行建筑适宜性分区。我们将采用工程地质测绘和综合物探勘察方法进行勘察，对于物探异常地段，应用钻探进行验证核实，根据工程实际将钻探孔深穿过岩溶带，以确保勘察结果的严谨性。

详细勘察阶段应该查明建筑物范围内对建筑物产生影响的各种岩溶洞隙的位置、状态、埋深、洞内填充物状态以及地下水或地表水动力等条件，对建筑物基础的稳定性做出详细勘察评价。

参考文献

[1] 黄振伟，杜胜华，张丙先．南水北调中线丹江口水利枢纽工程重大工程地质问题及勘察技术研究 [M]．南京：河海大学出版社．2019.

[2] 顾湘生，刘坡拉．铁路岩溶工程地质勘察技术 [M]．武汉：中国地质大学出版社．2012.

[3] 刘新荣，杨忠平．工程地质 [M]．武汉：武汉大学出版社．2018.

[4] 李淑一，魏琦，谢思明．工程地质 [M]．北京：航空工业出版社．2019.

[5] 柴贺军．山区公路工程地质勘察 [M]．重庆：重庆大学出版社．2019.

[6] 宋卫强．地铁车站岩溶高承压强富水带处理关键技术 [M]．北京：中国铁道出版社．2019.

[7] 于坚平，褚学伟，段先前，等．贵州岩溶塌陷 [M]．武汉：中国地质大学出版社．2017.

[8] 张晓斌，李宝玉，赵秀玲．工程地质与水文地质 第 2 版 [M]．郑州：黄河水利出版社．2016.

[9] 高金川，杜广印．岩土工程勘察与评价 [M]．武汉：中国地质大学出版社．2003.

[10] 王新泉．工程地质学 [M]．长春：吉林大学出版社．2016.

[11] 钱让清，钱芳，钱王苹．公路工程地质 [M]．合肥：中国科学技术大学出版社．2015.

[12] 孙健家，汪水清．铁路岩溶路基与注浆技术 [M]．北京：中国铁道出版社．2014.

[13] 王永健．高等教育"十三五"规划教材 工程地质 [M]．徐州：中国矿业大学出版社．2018.

[14] 范士凯．土体工程地质宏观控制论的理论与实践 中国工程勘察大师范士凯先生从事工程地质工作 60 周年纪念文集 [M]．武汉：中国地质大学出版社．2017.

[15] 段鸿海，周无极．工程勘察与评价 [M]．郑州：黄河水利出版社．2009.

[16] 陈国亮．岩溶工程论文集 [M]．北京：中国铁道出版社．2009.

[17] 徐军祥，邢立亭，魏鲁峰，等．济南岩溶水系统研究 [M]．北京：冶金工业出版社．2012.

[18] 姜晨光．土木工程专门地质学 [M]．北京：国防工业出版社．2016.

[19] 王丽琴，赖天文，栾红 . 工程地质 [M]. 北京：中国铁道出版社 .2008.

[20] 宋战平，綦彦波，赵国祝，等 . 岩溶隧道施工关键技术及工程应用研究 [M]. 西安：陕西科学技术出版社 .2013.

[21] 刘新福 . 岩溶隧道安全施工与灾害防治研究 [M]. 北京：中国铁道出版社 .2014.

[22] 李相然 . 公路工程现场勘察与测量技术 [M]. 北京：人民交通出版社 .2003.

[23] 孙家齐 . 工程地质 [M]. 武汉：武汉工业大学出版社 .2000.

[24] 李智毅，唐辉明 . 岩土工程勘察 [M]. 武汉：中国地质大学出版社 .2000.

[25] 郭超英，凌浩美，段鸿海 . 岩土工程勘察 [M]. 北京：地质出版社 .2007.

[26] 陈南祥 . 工程地质及水文地质 第 4 版 [M]. 北京：中国水利电力出版社 .2012.

[27] 何发亮，郭如军，吴德胜，等 . 隧道工程地质学 [M]. 成都：西南交通大学出版社 .2014.

[28] 喻亦林 . 工程地质勘察规范与强制性条文实施手册 第 1 卷 [M]. 北京：光明日报出版社 .2001.

[29] 张荫 . 工程地质学 [M]. 北京：冶金工业出版社 .2013.

[30] 邵艳 . 工程地质 [M]. 合肥：合肥工业大学出版社 .2006.